Grundzüge der Kinematik.

Grundzüge der Kinematik.

Von

A. Christmann, und **Dr.-Ing. H. Baer,**
Diplom-Ingenieur
in Berlin

Professor an der Technischen
Hochschule in Breslau.

Mit 161 Textfiguren.

Springer-Verlag Berlin Heidelberg GmbH
1910.

ISBN 978-3-662-39091-7   ISBN 978-3-662-40072-2 (eBook)
DOI 10.1007/978-3-662-40072-2

Vorwort.

Das vorliegende Buch soll Studierenden, sowie den in der Praxis stehenden Konstrukteuren die Mittel in die Hand geben, Getriebe der verschiedensten Arten hinsichtlich ihrer Bewegungsverhältnisse zu untersuchen; in dieser Beziehung dürfte es eine entschiedene Lücke in der gegenwärtigen technischen Literatur ausfüllen. Entsprechend der Bedeutung höherer Tourenzahlen für die heutige Technik sind die Beschleunigungsverhältnisse etwas ausführlicher behandelt, als man in einem Lehrbuch über Kinematik erwarten dürfte. Bei den übrigen Kapiteln sind die Verfasser bemüht gewesen, nur das Wichtigste zu bringen.

Durch die allmähliche Einführung von Maschinen mit direkt rotierender Bewegung (Dampfturbinen, Turbokompressoren usw.) hat die Kinematik jetzt allerdings nicht mehr die Bedeutung wie früher. Die Regelungsvorrichtungen dieser Maschinen machen jedoch auch in vielen Fällen eine eingehende Untersuchung der Bewegungsverhältnisse notwendig. Für die Steuerungen der Großgasmaschinen wird die kinematische Untersuchung immer ein wesentliches Hilfsmittel beim Entwurf sein, namentlich hinsichtlich der Massenkräfte, die bei den durch die hohen Geschwindigkeiten bedingten Beschleunigungen und den großen Massen der bewegten Teile auftreten. Hier erweist sich die Kinematik als ein oft unentbehrliches Hilfsmittel, wie es auch die Praxis gezeigt hat, wo manche Konstruktion an ungenügender Beachtung kinematischer und mechanischer Grundsätze gescheitert ist. In manchen Fällen wird ja ein gewandter Konstrukteur viel vermittels des Gefühles erreichen können, meistens sind aber die Bewegungsvorgänge so kompliziert, daß jede Schätzung versagt.

Sollten sich Fehler und Unrichtigkeiten eingeschlichen haben, so bitten die Verfasser, dies gütigst entschuldigen zu wollen, nachdem das Buch in den wenigen Stunden entstanden ist, die eine anderweitige Ingenieurtätigkeit übrig läßt. Für Berichtigungen sind die Verfasser jederzeit sehr dankbar. Das Buch wurde in Angriff genommen durch Herrn Dr.-Ing. H. Baer. Als derselbe schon einen Teil der Arbeit durchgeführt hatte, wurde er an die Technische Hochschule Breslau zur Leitung des dortigen Maschinenlaboratoriums berufen; daraufhin übernahm Herr Christmann die weitere Ausarbeitung und Fertigstellung.

Berlin und Breslau, im Mai 1910.

A. Christmann. H. Baer.

Inhaltsverzeichnis.

D. Behandlung einzelner Probleme.

II. Die Beschleunigungsverhältnisse bewegter ebener Systeme.

A. Der Beschleunigungszustand des ebenen Systems.

B. Behandlung einiger Getriebe.

III. Die Massenkräfte bewegter ebener Systeme.

Einführung.

§ 1. Einleitende Bemerkungen.

Die Kinematik ist ein Zweig der technischen Wissenschaften, insbesondere der theoretischen Maschinenlehre. Sie soll die Mittel an die Hand geben, die Bewegungsverhältnisse eines Getriebes vollständig klarzulegen und in manchen Fällen auch zeigen, wie es möglich ist, Mechanismen oder Getriebe derart zu konstruieren, daß dieselben von vornherein gewollte Bewegungen ausführen.

Die Untersuchungsmethoden der Kinematik sind graphischer und analytischer Art. Vorwiegend jedoch finden die graphisch-geometrischen Verfahren Anwendung, da sich viele Probleme hiermit schneller und allgemeiner lösen lassen als mit Hilfe der analytischen Geometrie, und da bei den meisten Aufgaben in der Kinematik die nötigen Grundlagen zeichnerisch gegeben sind.

In den folgenden Betrachtungen wird die Art der in den Mechanismus oder in das Getriebe eingeleiteten Bewegung angenommen und nicht die Frage nach deren Ursprung aufgeworfen. Die sich bewegenden Körper werden als vollkommen unelastisch, als starr vorausgesetzt, so daß Verschiebungen der einzelnen Körperteile gegeneinander nicht auftreten können. In manchen Fällen ändert allerdings die Elastizität der Körper die Bewegungsverhältnisse nicht unwesentlich, es ist aber nur selten möglich, ihren Einfluß mit zu berücksichtigen, und man begnügt sich zumeist damit, nach beendigter Untersuchung unter der Voraussetzung der Starrheit aller Teile des Getriebes einzuschätzen, in welcher Weise die Bewegungsverhältnisse infolge der elastischen Nachgiebigkeit des Materials verändert werden.

Man unterscheidet zwei Gruppen von Bewegungen, jene, welche immer gleichmäßig nach bestimmten Gesetzen zwangläufig in den gleichen Bahnen verlaufen und solche, welche keinen oder weniger präzisen Gesetzen unterworfen sind. Zur ersten Gruppe gehören die Bewegungen in einer Maschine. Bedingt ist diese Gesetzmäßigkeit durch den geometrischen Zusammenhang der einzelnen Teile. Zur andern Gruppe rechnen z. B. die Bewegungen in der belebten Natur. Vorliegende Arbeit behandelt nur die Bewegungen der ersten Art.

Der Begriff des starren Körpers schließt in sich, daß immer zwei Körper vorhanden sind, ein solcher S_1, der die Bewegung ausführt und ein anderer S_0, gegenüber welchem S_1 sich bewegt. S_0 heißt das ruhende, S_1 das bewegte System. Der Beobachter denkt sich mit S_0 verbunden und verfolgt die Bewegung des Systems S_1, indem er die zeitlich aufeinanderfolgenden Lagen von einzelnen Punkten von S_1 in S_0 markiert.

Nun können sich gleichzeitig mehrere Systeme S_1, S_2, $S_3 \ldots S_n$ gegen S_0 bewegen. Man nennt dann die Kombination eine Bewegung der 1. 2. 3 ... allgemein der $n$ten Ordnung.

Die Bewegung von S_1, S_2 ... gegen S_0 heißt die absolute Bewegung. Als System S_0 hätte man sich eigentlich ein System, z. B. ein Raumkoordinatensystem vorzustellen, das vollkommen ruht, also auch die Bewegung unseres Standortes nicht mitmacht, in der Kinematik genügt es jedoch immer, als ruhendes System jeden mit der Erdoberfläche fest verbundenen Körper zu betrachten. Eine Bewegung von diesem aus gesehen bezeichnen wir als eine absolute.

Bei mehreren gegen S_0 bewegten Systemen S_1, S_2, S_3 ... bewegen sich S_2, S_3 ... ihrerseits gegen S_1. Diese Bewegungen, wie sie einem Beobachter auf S_1 erscheinen, bezeichnet man als Relativbewegungen von S_2, S_3 ... gegen S_1.

Jeder Punkt eines bewegten Systems beschreibt in dem ruhenden Wegkurven oder Bahnen. Man kann nun auch die Rollen der beiden Systeme vertauschen, so daß jetzt ein Punkt von S_0 eine Bahn in S_1 beschreibt. Der Beobachter befindet sich dann auf S_1. Diesen Wechsel des Beobachtungsstandortes nennt man das Prinzip der Umkehrung der Bewegung.

Liegen die Bahnen von Punkten des bewegten Systems alle in einer Ebene, so spricht man von einer ebenen Bewegung. Im Gegensatz hierzu steht die allgemeine räumliche Bewegung, bei welcher die Punktbahnen Raumkurven darstellen. Die Untersuchungen im vorliegenden Buche beziehen sich nur auf die ebenen Bewegungen, da dieselben in der Technik die weitaus wichtigeren sind.

§ 2. Geschwindigkeit und Beschleunigung.

Ein Punkt K eines bewegten Systems S_{n+1} beschreibe im ruhenden S_n die in Fig. 1 gezeichnete Wegkurve W. Die Art und Weise,

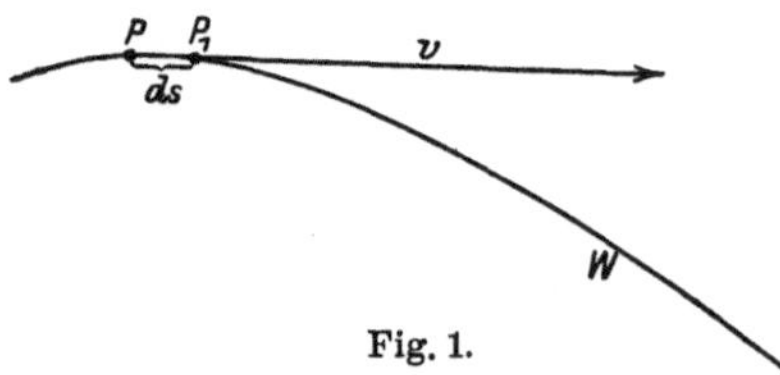

Fig. 1.

wie W durchlaufen wird, charakterisiert man durch die Angabe der Geschwindigkeiten von K in den einzelnen Wegpunkten. Man betrachte K während seiner Bewegung von einer Stelle P zu einer unendlich benachbarten P_1. Die Zeit, welche zum Durchlaufen von PP_1 erforderlich ist, sei dt, die Wegstrecke PP_1 sei ds. Der Differentialquotient $\dfrac{ds}{dt}$ gibt die Geschwindigkeit v des Punktes K in P an. Die Geschwindigkeit hat neben einer bestimmten Größe auch eine ganz bestimmte Richtung, gegeben in der Verbindungslinie PP_1 oder, was dasselbe ist, in der Tangente in P. Zur vollständigen Festlegung der Geschwindigkeit in P gehören demnach immer zwei Angaben, sie wird zeichnerisch dargestellt durch einen Vektor v, das ist eine Strecke, die von P ausgeht, tangential an die Kurve W gerichtet ist und eine Länge besitzt, welche in einem angenommenen Maß (Geschwindigkeitsmaßstab) die Größe von v wiedergibt. Denkt man sich in dem Moment, in welchem der materielle Punkt gerade in P ist, seinen Zusammenhang mit dem System S_{n+1}, welcher bisher die Bewegung auf der Bahn W erzwungen hat, plötzlich vollkommen gelöst, so wird sich der Punkt nach dem Gesetz vom Beharrungsvermögen tangential mit gleichförmiger Geschwindigkeit fortbewegen und in der ersten Zeiteinheit gerade den Vektor v überstreichen.

§ 3. Prinzip der Unabhängigkeit der Einzelbewegungen.

Das System S_n möge jetzt selbst eine Eigenbewegung besitzen gegenüber dem dritten ruhenden S_0. Der Punkt P der Wegbahn W soll eine als bekannt vorausgesetzte Geschwindigkeit v_1 haben. Der bewegte Punkt K hat nun zwei Geschwindigkeiten v_1 und v_2 (Fig. 2) (v_2 sei die relative Geschwindigkeit von K gegen S_n). Während eines Zeitelementes dt legt K gleichzeitig die Wege $v_1\,dt$ und $v_2\,dt$ zurück und kommt nach P', welcher Punkt sich durch geometrische Summation der Einzelwege ergibt.

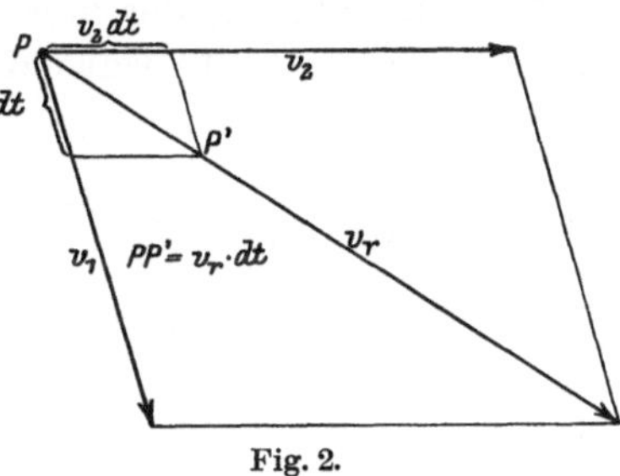

Fig. 2.

Der absolute Weg, den K zurücklegt, ist PP', er wird, wie man sofort einsieht, mit einer absoluten Geschwindigkeit v_r beschrieben, welche sich durch geometrische Addition der Einzelgeschwindigkeiten ergibt. Die Dreiecke, gebildet aus v_1 und v_2, nennt man die Geschwindigkeitsdreiecke, das Parallelogramm aus v_1 und v_2 mit der Diagonalen v_r heißt das Geschwindigkeitsparallelogramm. Allgemein findet man die resultierende Geschwindigkeit aus Relativgeschwindigkeiten durch deren geometrische Summation. Die Schlußlinie des Geschwindigkeitspolygons ist die resultierende Geschwindigkeit. Andererseits kann man sich eine bekannte absolute Geschwindigkeit v durch Zeichnen irgendeines Polygons mit v als Schlußlinie aus einzelnen Relativgeschwindigkeiten oder Komponenten zusammengesetzt denken. Die Möglichkeit, Geschwindigkeiten einfach geometrisch zur Resultierenden zusammenreihen zu können, nennt man das Prinzip der Unabhängigkeit der Einzelbewegungen.

Der bewegte Punkt P beschreibt die Wegkurve (System S_n wieder ruhend gedacht) mit veränderlicher Geschwindigkeit. Trägt man sich die einzelnen Geschwindigkeiten v, v_1, v_2 ... von einem irgendwo auf dem Zeichenblatt ausgewählten Pol O aus ihrer Größe und Richtung

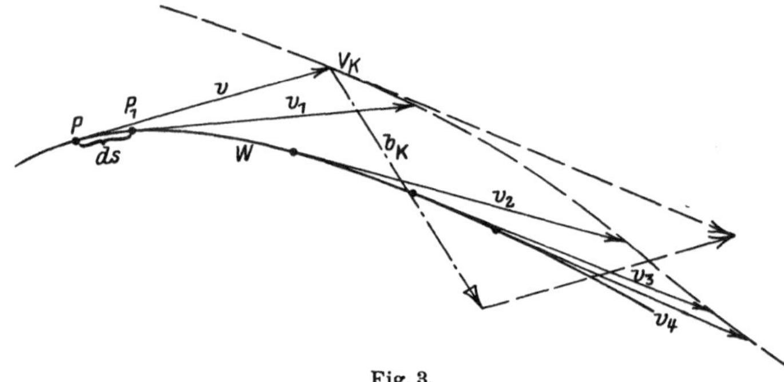

Fig. 3.

nach auf und verbindet die Endpunkte sämtlicher Geschwindigkeitsvektoren, so heißt diese Kurve der Geschwindigkeitsriß (siehe Fig. 3 und 4).

Zum Durchlaufen der unendlich kleinen Strecke PP_1 ist die Zeit dt erforderlich. Die Geschwindigkeiten in P und P_1 zu Anfang und

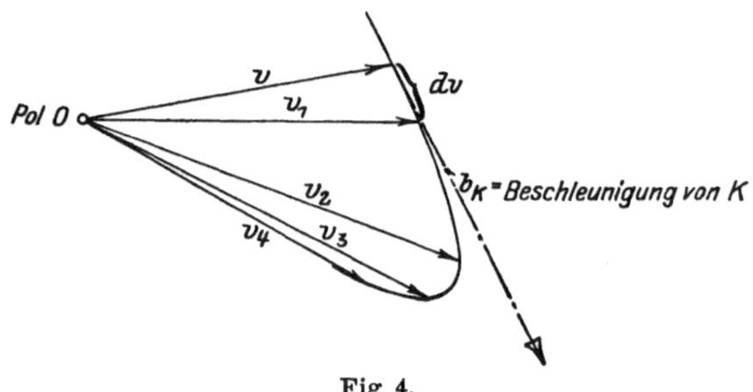

Fig. 4.

Ende der Zeit dt seien v resp. v_1. Sie sind voneinander verschieden um die unendlich kleine Strecke dv (Fig. 4). Diese Geschwindigkeitsänderung pro Zeiteinheit, also den Quotienten $\dfrac{dv}{dt}$, nennt man die Beschleunigung b des Punktes K in P. Es ist also

$$b = \frac{dv}{dt} = \frac{d\,\dfrac{ds}{dt}}{dt} = \frac{d^2 s}{dt^2} \,.$$

Die Geschwindigkeit b_K, mit welcher der Endpunkt von v den Geschwindigkeitsriß umläuft, gibt offenbar in einem bestimmten Maßstab direkt die Beschleunigung an. Die Beschleunigung ist wie die Geschwindigkeit eine gerichtete Größe und wird in derselben Weise wie diese dargestellt. Zur Unterscheidung wird in diesem Buche der Beschleunigungsvektor mit einem zu einem Dreieck geschlossenen Endpfeil versehen (siehe Fig. 4). Verbindet man die Endpunkte V_K aller in der Wegkurve eingetragenen Geschwindigkeiten von K, so ergibt sich die in Fig. 3 gestrichelt dargestellte Kurve, die von V_K durchlaufen wird, während Punkt K sich auf der Bahn W fortbewegt. Subtrahiert man geometrisch von der Geschwindigkeit des Punktes V_K den Vektor v, so ist die Resultierende die Beschleunigung b_K von K nach Größe und Richtung. (Fig. 3.) Diese Methode ist im Grunde genau die gleiche wie die oben erwähnte, nur bewegt sich hier der Anfangspunkt von v, und die Relativgeschwindigkeit von V_K gegen diesen Anfangspunkt findet man durch geometrische Subtraktion der Geschwindigkeiten beider Punkte.

§ 4. Der Mechanismus. Kinematische Elementenpaare.

Unter Mechanismus (auch Getriebe) versteht man allgemein eine Anzahl von Systemen oder Gliedern, welche in beweglichen Verbindungen aneinandergereiht sind, zum Zweck der Hervorbringung bestimmter Bewegungen irgendeines oder mehrerer Systempunkte.

In der Kinematik heißen diese Verbindungen Elementenpaare. Man teilt sie folgendermaßen ein:

1. Zwangläufige Elementenpaare. Das sind solche, bei denen Punkte des einen der beiden verbundenen Systeme relativ zum andern eindeutig bestimmte Bahnen zurücklegen.

2. Kurvenläufige Elementenpaare. Hier ist die Punktbahn des einen Körpers gegenüber dem andern in gewissem Sinne eingeschränkt, aber nicht eindeutig bestimmt (Beispiel: ein Rad, das auf einer Führung gleiten und rollen kann).

3. Flächen- oder raumläufige Elementenpaare. Einzelne Punkte oder Flächen des einen Systems bewegen sich auf Flächen des andern (Beispiel: Kugelgelenk).

Die Gruppe 1 wird ihrerseits wieder eingeteilt in

a) Niedere Elementenpaare; gekennzeichnet dadurch, daß die relativen Bahnen der Körperpunkte durch Umkehrung der Bewegung nicht geändert werden. Es gibt nur drei niedere Elementenpaare.

I. Die Richt- oder Prismenpaarung, auch Prismenführung. Die Relativbahnen sind gerade Linien.

II. Drehpaarung. Die Punkte des einen Gliedes bewegen sich gegen das andere in Kreisen. In der Mechanik nennt man die Verbindungsstellen Gelenke.

III. Schraubenpaarung oder Gewindepaarung. Die relativen Punktwege sind Schraubenlinien.

b) Höhere kinematische Elementenpaare. Solche gibt es unzählige. Je nachdem der eine oder andere Körper als der ruhende angenommen wird, ändert die Relativbahn ihren Charakter (Beispiel: die Wälzhebel; der eine Körper rollt auf dem andern, oder die unrunden Scheiben).

Bei den niederen Elementenpaaren findet die Berührung der Glieder meist in Flächen, bei den höheren dagegen in Punkten, Geraden oder Kurven statt.

Wenn die Bewegung, die durch den Mechanismus erzeugt wird, eindeutig bestimmt sein soll, muß der Mechanismus zwangläufig sein, jeder Punkt eines Gliedes beschreibt immer dieselbe Bahn. Die zwangläufigen Mechanismen können ebene und raumläufige sein, erstere sind solche, bei denen die Punktbahnen in einer Ebene oder in mehreren untereinander parallelen Ebenen gelegen sind.

Die ebenen Mechanismen sind in der Technik die weitaus wichtigsten, sie werden selbst wieder eingeteilt in:

1. Einfache Mechanismen. Jedes Glied ist nur mit zwei benachbarten Gliedern einmal verbunden. Die Aufeinanderfolge der einzelnen Glieder bildet eine in sich geschlossene Kette. Der am meisten praktisch vorkommende Mechanismus dieser Art ist das Kurbelgetriebe oder die Vierzylinderkette.

2. Zusammengesetzte Mechanismen. Ein Glied ist mit mehr als zwei andern verbunden.

3. Übergeschlossene Mechanismen. Ein Mechanismus heißt übergeschlossen, wenn mehr Glieder und kinematischen Elementenpaare vorhanden sind, als zur Erzeugung der Zwangläufigkeit erforderlich wären. Solche Glieder, welche man weglassen kann, ohne die Zwangläufigkeit aufzuheben, oder die man in einen zwangläufigen Mechanismus einfügen kann, ohne die Bewegungsmöglichkeit zu stören, heißen überzählige (Beispiel siehe S. 59).

4. Gesperrte Mechanismen. Schaltet man in irgendeinem Getriebe ein oder mehrere Glieder derart ein, daß die Bewegungsfähigkeit überhaupt aufgehoben ist, so ist der Mechanismus oder das Getriebe gesperrt. Ein gesperrter Mechanismus ist nichts anderes als ein Fachwerk.

I. Die Weg- und Geschwindigkeitsverhältnisse bewegter ebener Systeme.

A. Das Bewegungssystem erster Ordnung.

§ 5. Folgerungen aus der Starrheit der bewegten Körper.

Innerhalb eines Systems können gegenseitige Verschiebungen infolge der vorausgesetzten vollkommenen Starrheit der Körper nicht auftreten. Der Abstand zweier Punkte bleibt stets der gleiche. Ein Körperpunkt kann sich daher relativ zu einem andern nur auf einem Kreis bewegen, oder die Bewegung eines Punktes gegen einen andern desselben Systems kann nur in einer Rotation bestehen. Die Relativgeschwindigkeit steht daher senkrecht zur Verbindungsstrecke

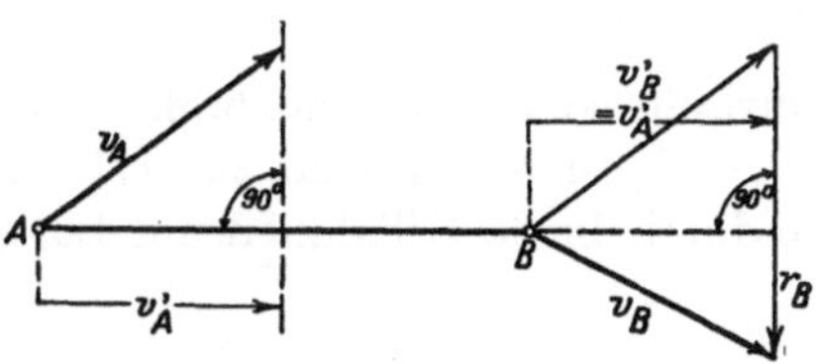

Fig. 5.

der beiden Punkte und ist dieser proportional. Hieraus folgt wieder, daß die Geschwindigkeiten der Endpunkte einer im starren System gezeichneten Strecke AB, auf diese projiziert, der Größe und dem Richtungssinn nach gleiche Projektionen haben müssen, $v'_A = v'_B$ (Fig. 5). Wenn v_A bekannt ist, so ist v_B nicht mehr ganz willkürlich. Der Endpunkt von v_B muß vielmehr auf einer Senkrechten zu AB liegen, welche um die Projektion v'_A von B absteht. Ist die Richtung von v_B gegeben, so ist damit v_B selbst bestimmt. Kennt man aber nur die absolute Größe von v_B, so ergeben sich zwei mögliche Werte von v_B. Subtrahiert man geometrisch von v_B den Vektor v_A, so ist die Differenz die Rotationsgeschwindigkeit r_B, mit welcher sich B relativ gegen A dreht (Fig. 5).

Durch die Kenntnis der Geschwindigkeiten zweier Punkte eines bewegten ebenen Systems ist die Geschwindigkeit jedes weiteren Systempunktes festgelegt, sie läßt sich folgendermaßen finden: In Fig. 6 seien v_A und v_B der Strecke AB gegeben, gesucht sei v_C. (C ein mit AB fest verbundener Punkt.) Man betrachte Strecke AC.

Der Endpunkt der Geschwindigkeit v_C muß auf einer Senkrechten zu AC liegen, deren Abstand v_C' von C gleich der Projektion von v_A auf AC (mit v_A'' bezeichnet) ist. Faßt man nun Strecke BC ins Auge, so findet man in derselben Weise einen zweiten geometrischen Ort für den Endpunkt von v_C. Der Schnitt beider Senkrechten oder des ersten und zweiten geometrischen Ortes mit C verbunden, gibt die Geschwindigkeit v_C. Liegt Punkt C gerade in der Verbindungslinie von A mit B, so findet man nach oben erwähnter Methode nur ein Lot α auf AB (Fig. 7), worauf der gesuchte Punkt V_C gelegen sein muß. Da Stange ABC als starr vorausgesetzt ist, so muß die Relativgeschwindigkeit r_C des Punktes C gegen A gleich sein der Relativgeschwindigkeit r_B von B gegen A, multipliziert mit dem Verhältnis $\dfrac{AC}{AB}$. Addiert man v_A und r_C geo-

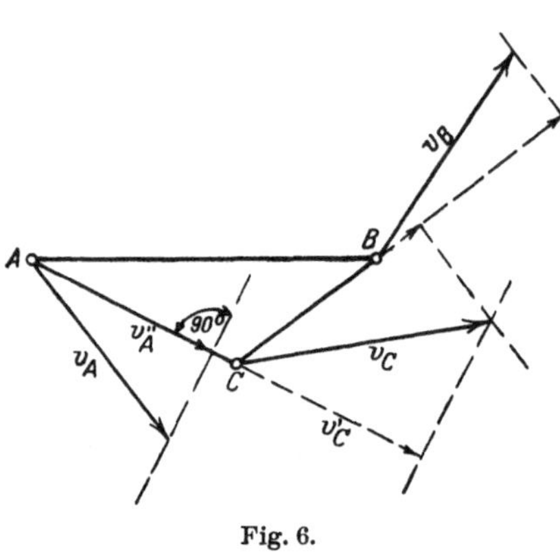

Fig. 6.

metrisch, so gibt die Schlußlinie die Geschwindigkeit v_C. Zieht man durch V_A eine Parallele zu AB und verbindet V_A mit V_B, so ergibt die durch beide Hilfslinien auf Lot α abgeschnittene Strecke unmittelbar r_C. Der Schnitt von Gerade $V_A V_B$ mit α ist V_C. Man ersieht aus Fig. 7 sofort, daß die Endpunkte der Geschwindigkeiten aller Punkte der Stange auf $V_A V_B$ gelegen sein müssen.

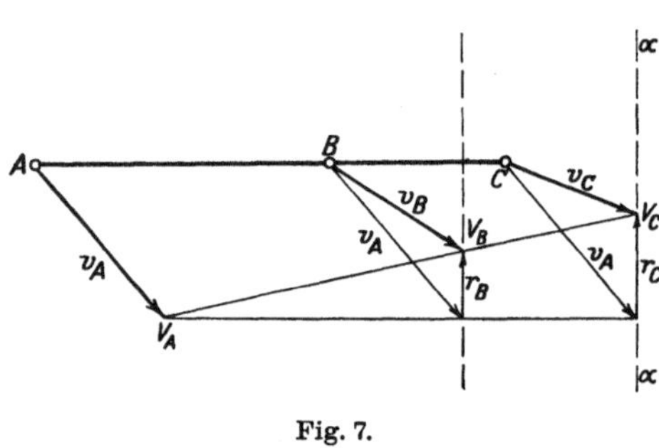

Fig. 7.

Beispiele.

a) Konstruktion der Geschwindigkeiten am Kurbelgetriebe.

Die Kurbel OB rotiere um O, dabei habe der Kurbelzapfen B die momentane Geschwindigkeit v_B (v_B muß senkrecht gerichtet sein auf OB, da O ein Punkt des festen Systems ist, sich also selbst nicht bewegen kann). Gesucht ist die Geschwindigkeit v_A des Kreuzkopfes A, der in Richtung der Geraden $\alpha\,\alpha$ gleiten möge und außerdem die Geschwindigkeit des mit der Schubstange fest verbundenen Punktes C. (Fig. 8.)

Von der Schubstange AB kennt man Größe und Richtung der Geschwindigkeit ihres Endpunktes B, außerdem die Richtung $\alpha\,\alpha$ der

Geschwindigkeit von A. Man suche sich die Projektion v_B' von v_B auf Stange AB und zeichne sich im Abstande v_B' von A ein Lot β auf AB, welches die vorgegebene Richtung $\alpha\,\alpha$ im Endpunkt von v_A

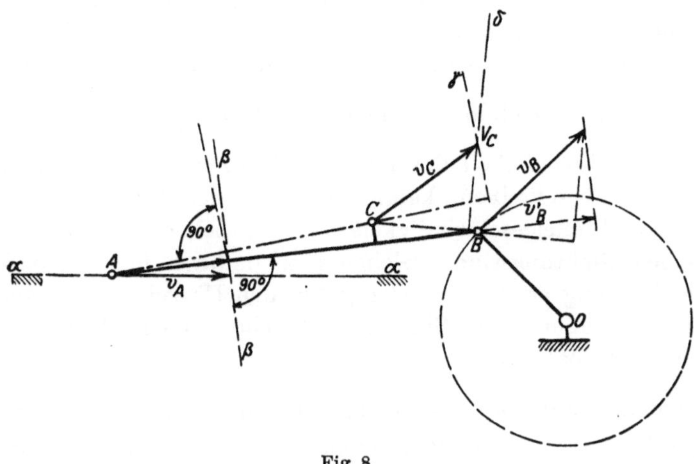

Fig. 8.

schneidet. Die Geschwindigkeit des dritten Punktes C des starren Systems ABC findet man in der oben bereits beschriebenen Weise. V_C ist der Schnitt der beiden Senkrechten γ und δ auf AC resp. BC.

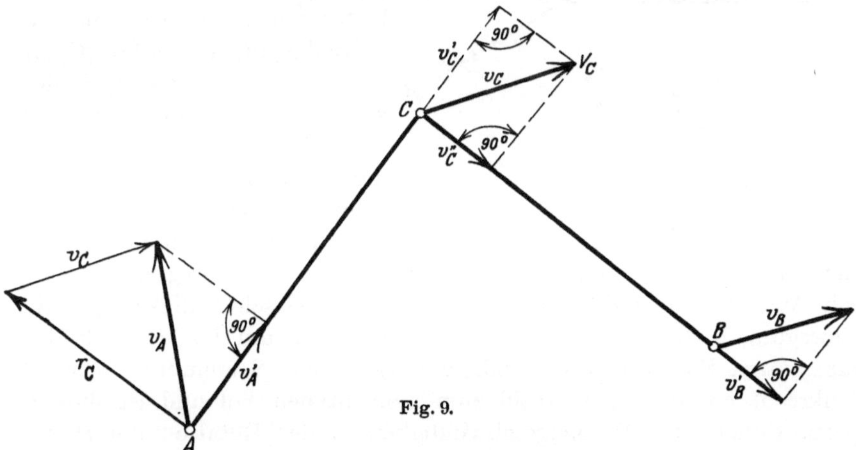

Fig. 9.

b) Die Stäbe AC und BC seien in C durch ein Gelenk miteinander verbunden (Fig. 9). Die Punkte A und B mögen sich momentan mit den beliebig angenommenen absoluten Geschwindigkeiten v_A bzw. v_B bewegen. Gesucht ist die Geschwindigkeit des Gelenkpunktes C und die Relativgeschwindigkeit von A gegen C.

Die Projektion v_C' der Geschwindigkeit v_C auf AC muß gleich der Projektion v_A' von v_A auf AC sein, ebenso v_C'' als Projektion von v_C auf BC gleich v_B'. Man zeichne in den Endpunkten von v_C' und v_C'' die Lote auf AC und BC, welche sich in V_C schneiden; $CV_C = v_C$. Subtrahiert man geometrisch den Vektor v_C von v_A, so ist die Differenz r_C die gesuchte Relativgeschwindigkeit. Die Stange AC überstreicht relativ zu C in der ersten Zeiteinheit einen Winkel $\omega = \dfrac{r_C}{\text{Strecke } AC}$. Anstatt die Relativgeschwindigkeit des Punktes A gegen C durch Angabe des Vektors r_C zu beschreiben, kann man auch den Winkel ω angeben. ω heißt die Winkelgeschwindigkeit, sie hat neben einer bestimmten Größe einen Richtungssinn, welchen man dadurch festlegt, daß man sagt, die Drehung erfolge im oder gegen den Uhrzeigersinn. Man bezeichnet eine Drehung im Sinn des Uhrzeigers auch als positiv, die umgekehrte als negativ.

§ 6. Der momentane Pol eines ebenen Bewegungssystems erster Ordnung.

Es sei wieder die Geschwindigkeit v_A des Punktes A und die Richtung β von v_B des Punktes B der Stange AB gegeben (Fig. 10).

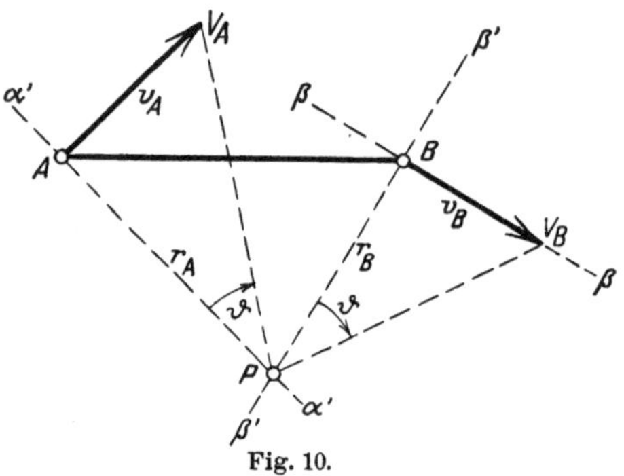

Fig. 10.

Errichtet man in A das Lot α' auf v_A, so folgt für alle Punkte der Geraden α', daß die Projektionen ihrer Geschwindigkeiten auf α' Null sein müssen. Dasselbe gilt für das Lot β' auf die Richtung der Geschwindigkeit von B. Der Schnitt P beider Lote muß eine Geschwindigkeit haben, deren Projektionen auf α' und β' Null sein müssen, d. h. P muß in dem betrachteten Augenblick ruhen. Jedem Punkt des bewegten Systems mit Ausnahme von P kommt eine bestimmte Geschwindigkeit zu, die Bewegung besteht momentan in einer Rotation um P. P heißt der momentane Pol. Die Geschwindigkeit irgendeines Systempunktes steht senkrecht auf dem Fahrstrahl zum momentanen Pol und ist diesem proportional. Die Winkelgeschwindigkeit ω der Rotation um P berechnet sich aus der vorgegebenen Geschwindigkeit v_A. Die Strecke AP sei mit r_A bezeichnet, dann ist $v_A = \omega \cdot r_A$ oder $\omega = \dfrac{v_A}{r_A}$. Die Größe der Geschwindigkeit irgendeines Systempunktes — etwa von B — ist dann bestimmt durch $v_B = \omega \cdot r_B$.

Aus Fig. 10 ist ersichtlich, daß $\omega = \operatorname{tg}\vartheta$ gesetzt werden kann.

Die Verbindungslinien der Endpunkte der Geschwindigkeiten der Systempunkte V_A, V_B usf. mit P schließen mit den Fahrstrahlen AP, BP ... alle den gleichen Winkel ϑ ein. Bei der Bestimmung der Geschwindigkeiten mehrerer Punkte wird von dieser Beziehung ausgedehnter Gebrauch gemacht. Man braucht an den einzelnen Fahrstrahlen nur Winkel ϑ im richtigen Sinne anzutragen, um unmittelbar die gesuchte Geschwindigkeit zu finden.

Da der momentane Pol bei allen kinematischen Untersuchungen eine wichtige Rolle spielt, so sei noch eine zweite Ableitung gegeben.

Das bewegte System sei wieder. dargestellt durch die Stange AB, v_A und v_B seien bekannt. Früher wurde bereits gezeigt, daß die geometrische Summe aus v_B und $-v_A$, in Fig. 11 mit μ_A bezeichnet, die Geschwindigkeit bedeutet, mit welcher sich B um A dreht. Denkt man sich zwischen das bewegte und das ruhende System ein drittes eingeschaltet, das lediglich eine Translationsbewegung mit der momentanen Geschwindigkeit $-v_A$ ausführt, so erscheint in diesem System A ruhend, während B die Geschwindigkeit μ_A zukommt. Das bewegte System macht relativ zum Hilfssystem eine Rotationsbewegung mit der Winkelgeschwindigkeit $\omega = \operatorname{tg}\vartheta_A$ (siehe Fig. 11). Die Geschwindigkeit v_B ist die geometrische Summe aus μ_A und v_A; man kann auch sagen, die Geschwindigkeit des Punktes B ist der Geschwindigkeit von A gleich

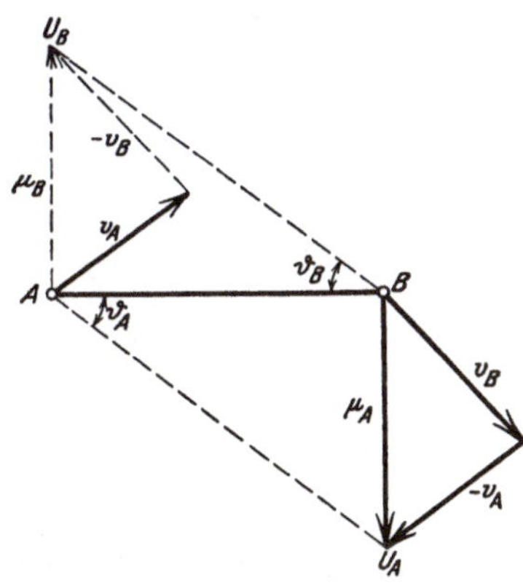

Fig. 11.

plus jener Geschwindigkeit, mit welcher sich B um A dreht. Wenn man sich die Geschwindigkeiten der einzelnen Systempunkte in dieser Weise aus der Geschwindigkeit von A abgeleitet oder entstanden denkt, so heißt A der Bezugspunkt und v_A die Gleitgeschwindigkeit des Systems. Wählt man B als Bezugspunkt, so erkennt man aus Fig. 11, daß $\mu_A = -\mu_B$, $\omega = \operatorname{tg}\vartheta_A = \operatorname{tg}\vartheta_B$, d. h. die momentane Winkelgeschwindigkeit eines bewegten ebenen Systems ändert ihre Größe nicht bei einem Wechsel des Bezugspunktes. Die Gleitgeschwindigkeit des Systems hingegen wird eine andere, wenn man den Bezugspunkt verlegt.

Man kann nun den Pol eines Systems in der Weise finden, daß man sich jenen Punkt sucht, für welchen μ_A gerade gleich $-v_A$ wird. In Fig. 12 ist v_A, Größe und Richtungssinn von ω angenommen. Da μ_A parallel v_A werden soll, so muß der gesuchte Punkt offenbar auf der Senkrechten auf v_A in A gelegen sein. Man konstruiere sich nun den

Winkel ϑ_A (tg $\vartheta_A = \omega$) und trage ihn in A als Scheitelpunkt an das Lot α' an, in demselben Drehsinn, der durch ω angegeben ist; alsdann zeichne man im Abstand $-v_A$ eine Parallele α zu α', welche den zweiten Schenkel des Winkels ϑ_A im Endpunkt von μ_A schneidet. Der Punkt P hat nun die beiden Geschwindigkeiten $\mu_A = -v_A$ und v_A, seine absolute Geschwindigkeit ist Null, d. h. P ist der Pol des Systems.

Die momentane Bewegung eines ebenen Systems ist also festgelegt, wenn man die Geschwindigkeit eines Punktes und die Winkelgeschwindigkeit kennt; der allgemeine Bewegungszustand eines ebenen Systems erster Ordnung kann zurückgeführt werden auf ein Gleiten mit der Geschwindigkeit irgendeines Punktes und ein gleichzeitiges Drehen um diesen Punkt, mit einer bestimmten Winkelgeschwindigkeit.

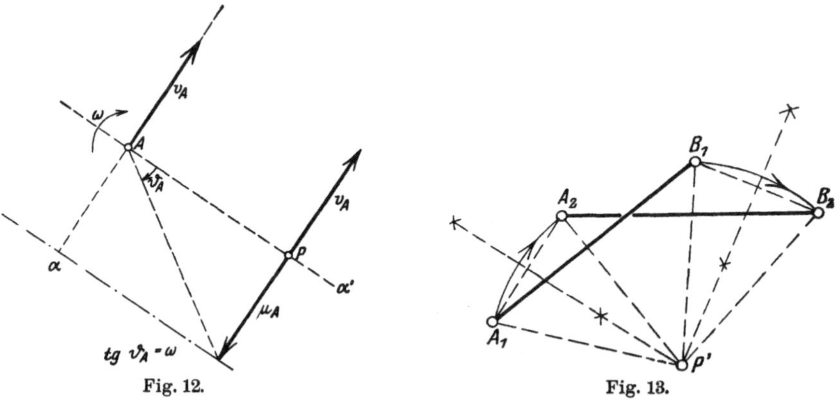

Fig. 12.   Fig. 13.

Wie jede unendlich kleine Lagenänderung eines Systems aufgefaßt werden kann als momentane Drehung um den Pol, so kann man sich auch ein ebenes System aus einer beliebigen Anfangs- in irgendeine gegebene Endlage übergeführt denken durch bloße Drehung um einen Punkt, der aber von dem Pol streng zu unterscheiden ist.

In Fig. 13 seien zwei Lagen desselben Systems durch Strecke $A_1 B_1$ und $A_2 B_2$ gegeben. Der Punkt P', um den $A_1 B_1$ nach $A_2 B_2$ gedreht werden kann, findet sich als Schnittpunkt der beiden Mittelsenkrechten auf $A_1 A_2$ und $B_1 B_2$.

§ 7. Der momentane Geschwindigkeitszustand eines Systems erster Ordnung. Lotrechte Geschwindigkeit.

Man beschreibt den Geschwindigkeitszustand eines ebenen Systems am einfachsten durch Angabe des Poles P und der Winkelgeschwindigkeit ω. In dem System sei eine Kurve AB gezeichnet (Fig. 14). Um die Geschwindigkeiten der einzelnen Kurvenpunkte $A \ldots B$ zu finden, verbinde man diese mit P und ziehe durch die Punkte die Geschwindigkeitsrichtungen senkrecht zu den Fahrstrahlen, alsdann trägt man an diese mit P als Scheitelpunkt den Winkel $\vartheta = \mathrm{arc\,tg}\,\omega$ an. Die zwischen dem Winkel ϑ liegenden Strecken der Geschwindigkeitsrichtungen geben die Geschwindigkeitsvektoren an. Verbindet man deren Endpunkte, so ergibt sich die in Fig. 14 gestrichelte Linie, welche man das Geschwindigkeitsdiagramm der bewegten Kurve nennt. In Fig. 15 ist dieses auch gezeichnet für eine durch den Pol gehende Ge-

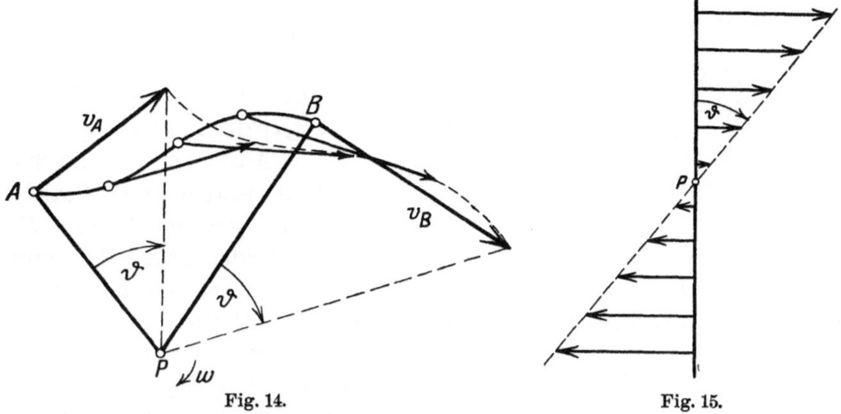

Fig. 14. Fig. 15.

rade. Das Geschwindigkeitsdiagramm einer geraden Linie ist, wie bereits gezeigt wurde, immer wieder eine Gerade.

Zur weiteren Vereinfachung der Geschwindigkeitskonstruktionen hat man den Begriff der lotrechten Geschwindigkeit eingeführt, man versteht darunter die um $90°$ in die Richtung des Normalstrahles zum Pol verdrehte wirkliche Geschwindigkeit. In Fig. 16 ist AV'_A die lotrechte Geschwindigkeit von A, BV'_B jene von B. Beim Zurückdrehen der lotrechten Geschwindigkeiten in ihre wirkliche Lage muß man immer denselben Drehsinn beibehalten. Da die Geschwindigkeiten sich wie die Polabstände verhalten, so muß in Fig. 16 die Verbindungslinie $V'_A V'_B$ parallel AB sein. Um aus V'_A V'_B zu finden, verbinde man B mit P und ziehe die Parallele zu AB durch V'_A, welche den Fahrstrahl BP im Punkt V'_B schneidet. Die Gerade $V'_A V'_B$ ist das lotrechte Geschwindigkeitsdiagramm der Strecke AB.

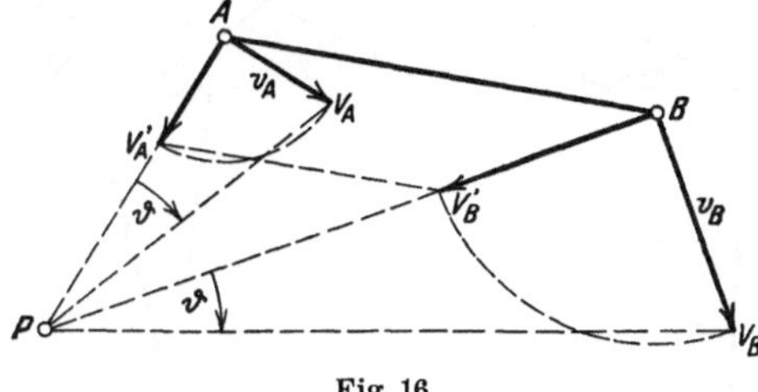

Fig. 16.

Beispiele.

a) **Bestimmung der Geschwindigkeiten von Punkten der Schubstange (Fig. 17).**

Der Pol P ergibt sich als Schnitt des Lotes auf die Gleitbahnrichtung α in A und der verlängerten Kurbel. BV_B' sei gegeben, man ziehe durch V_B' die Parallele zu AB; verbindet man nun irgendeinen Schub-

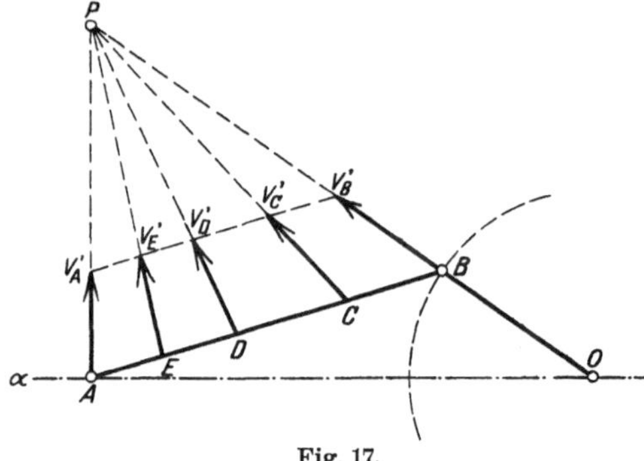

stangenpunkt etwa C mit P, so ist die Strecke von C bis zur Parallelen die lotrechte Geschwindigkeit von C.

b) Geschwindigkeiten an der Fünfzylinderkette (Fig. 18).

An die im ruhenden System festgehaltene Stange $P_1 P_2$ seien in P_1 resp. P_2 die beiden Stäbe AP_1 und

Fig. 17.

CP_2 angelenkt, deren momentane Winkelgeschwindigkeiten ω_1 und ω_2 als bekannt vorausgesetzt sind. Zwischen A und C seien zwei weitere Stäbe eingeschaltet, die den fünften Gelenkpunkt B bil-

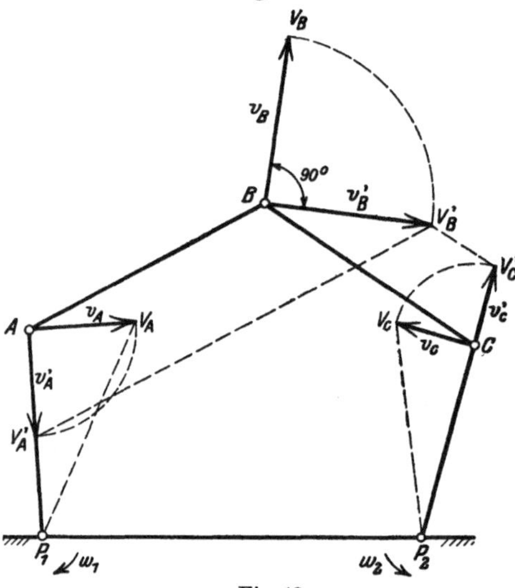

den. Die Geschwindigkeit v_B soll aufgesucht werden.

Die lotrechten Geschwindigkeiten v_A' und v_C' sind aus den Winkelgeschwindigkeiten ohne weiteres zu bestimmen; nur darauf ist noch besonders zu achten, daß die Drehung, durch welche die wirkliche Geschwindigkeit in die lotrechte übergeführt wird, für alle Punkte in dem gleichen Sinn (in diesem Beispiel im Uhrzeigersinn) erfolgt. Die Folgerung aus der Starrheit der bewegten Systeme, daß

Fig. 18.

die Projektionen der Geschwindigkeiten der einzelnen Punkte einer Geraden auf diese alle gleich sein müssen, spricht sich beim Arbeiten mit den lotrechten Geschwindigkeiten dahin aus, daß die Endpunkte der lotrechten Geschwindigkeiten auf einer Parallelen zur Geraden gelegen sein müssen. V_B' muß deshalb einmal auf einer Parallelen durch V_A' zu AB, und da B gleichzeitig ein Punkt der Stange BC ist, auch auf der Parallelen zu BC durch V_C' gelegen sein. Durch eine Verdrehung des Vektors v_B' entgegen dem Uhrzeigersinn um $90°$ ergibt sich v_B.

§ 8. Das Ähnlichkeitsprinzip.

In dem bewegten System sei ein Polygon $ABCD$ gezeichnet (Fig. 19). Der momentane Pol und AV_A', die lotrechte Geschwindigkeit des Punktes A, seien gegeben. Zeichnet man sich die lotrechten Geschwindigkeiten der übrigen Eckpunkte durch Ziehen der Parallelen zu den Seiten, so bekommt man in $V_A' V_B' V_C' V_D'$ ein Polygon, das dem ersten ähnlich ist. Die Endpunkte der lotrechten Geschwindigkeiten irgendeiner ebenen Figur liegen auf einer ähnlichen Figur, wobei der Pol das Ähnlichkeitszentrum ist.

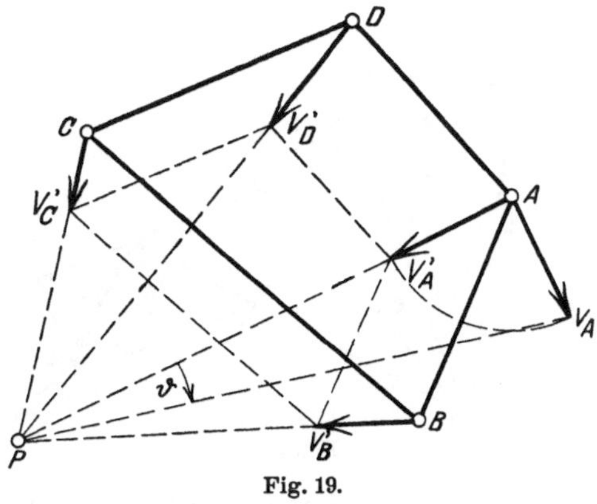
Fig. 19.

Man kann den Maßstab der Geschwindigkeiten so wählen, daß $\omega = 1$, $\vartheta = \mathrm{arc\,tg}\,\omega = 45°$ wird. Dann sind in Fig. 19 die Polabstände der einzelnen Systempunkte gleichzeitig deren lotrechte Geschwindigkeiten.

§ 9. Geschwindigkeitszustand eines ebenen Strahlenbüschels.

Es sollen zuerst nochmals die Geschwindigkeitsverhältnisse einer Geraden mit Hilfe des Poles untersucht werden.

In Fig. 20 sei $\alpha\,\alpha$ die bewegte Gerade, P der Pol und Größe und Richtungssinn von v_A des Punktes A auf α gegeben. Die Endpunkte aller lotrechten Geschwindigkeiten liegen auf $V_A' V_B'$ parallel α. Der Fußpunkt G der Senkrechten PG auf α hat die kleinste Geschwindigkeit; v_G fällt in die Richtung von α und ist

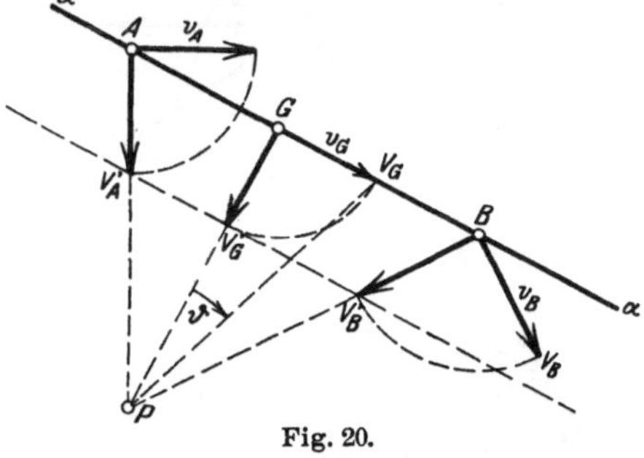
Fig. 20.

$= PG \cdot \mathrm{tg}\,\vartheta = PG \cdot \omega$. G heißt der Gleitpunkt der Geraden. Die Endpunkte der wirklichen Geschwindigkeiten liegen sämtlich auf der Geraden α_1 (siehe Fig. 21), welche α in V_G schneidet, α_1 ist gegen α unter dem Winkel ϑ geneigt, der die Drehgeschwindigkeit des Systems angibt. Wählt man G als Bezugspunkt, so ist v_G die Gleitgeschwindigkeit des Systems, und v_A und v_B kann man sich zusammengesetzt denken aus v_G und einer Komponenten senkrecht zu α [$v_B = BB_1 (= v_G) + BB_2$], deren Endpunkte sämtlich auf der durch G unter Winkel ϑ zu α geneigten Geraden gelegen sind. Man stellt sich den Bewegungszustand der Geraden am besten so vor, daß man sagt, die Gerade α gleitet in ihrer eigenen Richtung mit der Geschwindigkeit v_G und dreht sich gleichzeitig um G mit einer Winkelgeschwindigkeit, welche durch Winkel ϑ gegeben ist.

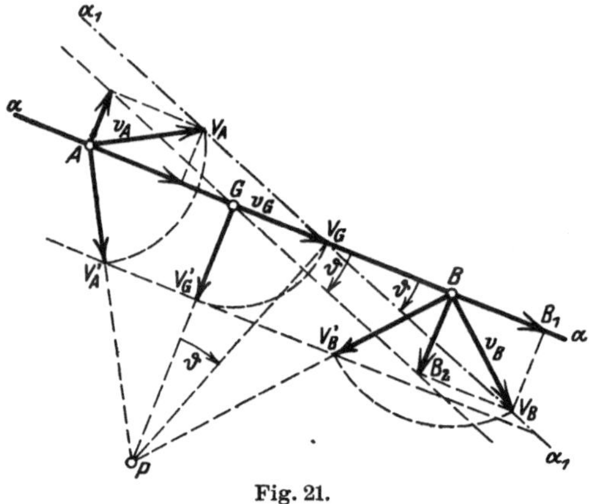

Fig. 21.

In Fig. 22 sei A das Zentrum eines Strahlenbüschels, außerdem seien Pol P und die Winkelgeschwindigkeit ω bekannt. Unter sämtlichen durch A gehenden Strahlen treten zwei besonders hervor, der Strahl α, welcher A mit P verbindet, und der Strahl β senkrecht zu α. Von allen Geraden hat β die größte, α aber keine Gleitgeschwindigkeit in Richtung der Geraden. Für Strahl β ist A der Gleitpunkt. Die Gleitpunkte aller Strahlen des Büschels liegen auf dem über AP als Durchmesser beschriebenen Kreis. Zeichnet man über dem Durchmesser v_A den Kreis, so ist die Sehne, welche von diesem auf einem Strahl abgeschnitten wird, dessen Gleitgeschwindigkeit. Man betrachte z. B. Strahl γ, der unter Winkel ε zu β geneigt ist. C ist der Gleit- und Bezugspunkt. Die Gleitgeschwindigkeit

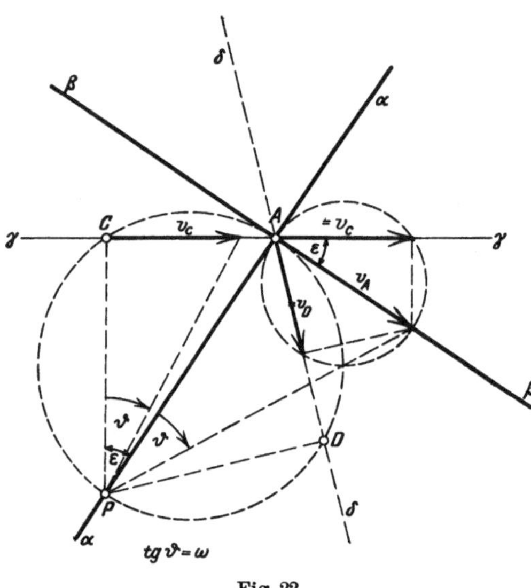

Fig. 22.

$$v_C = v_A \cdot \frac{CP}{PA} = v_A \cos\varepsilon,$$

ebenso groß ist die im Kreis über v_A abgeschnittene Sehne.

§ 10. Die Bahnen, Hüllkurven, Hüll- und Polbahnen eines ebenen Bewegungssystems erster Ordnung.

Sind die Bahnen zweier Punkte A und B des bewegten ebenen Systems bekannt, so ist auch der Weg, den ein dritter Punkt C beschreibt, eindeutig bestimmt, weil das Dreieck ABC seine Gestalt nicht verändern kann.

Da die Geschwindigkeiten immer tangential an die Bahnen gerichtet sind, so müssen die Fahrstrahlen senkrecht auf den Geschwindigkeitsrichtungen die Normalen der Bahnkurven sein, die Polstrahlen stehen also senkrecht auf den Bahnelementen.

Die Normalen auf zwei zeitlich zusammengehörigen Bahnelementen zweier Punkte schneiden sich im Pol.

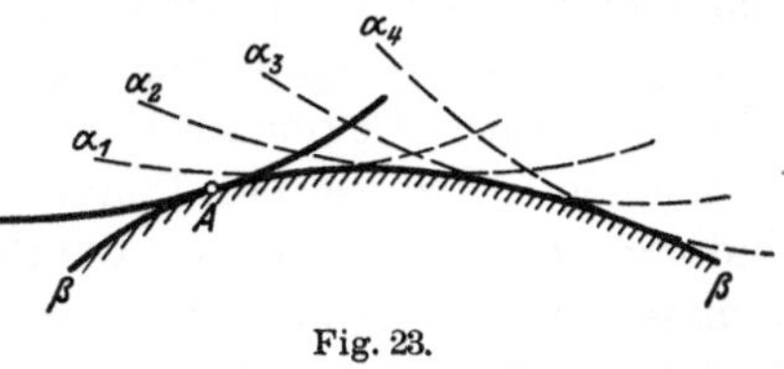

Fig. 23.

Ist in dem bewegten System eine Kurve α gezeichnet (siehe Fig. 23), so beschreibt diese bei der Bewegung eine Fläche. Der Umriß dieser Fläche oder die Einhüllende β der in verschiedenenLagen α_1, α_2, α_3 ... in Fig. 23 gezeichneten Kurve α heißt die Hüllbahn, α nennt man die Hüllkurve. In dem Punkte A, in welchem α und β sich berühren, fällt die Richtung der Geschwindigkeit von A als Punkt des bewegten Systems in die gemeinschaftliche Tangente von α und β.

Sind zwei Hüllkurven eines bewegten Systems und die beidenHüllbahnen im ruhenden gegeben, so sind die Geschwindigkeitsrichtungen zweier Punkte und damit der momentane Pol bekannt. Man kann sich auch für jede beliebige Lage des bewegten

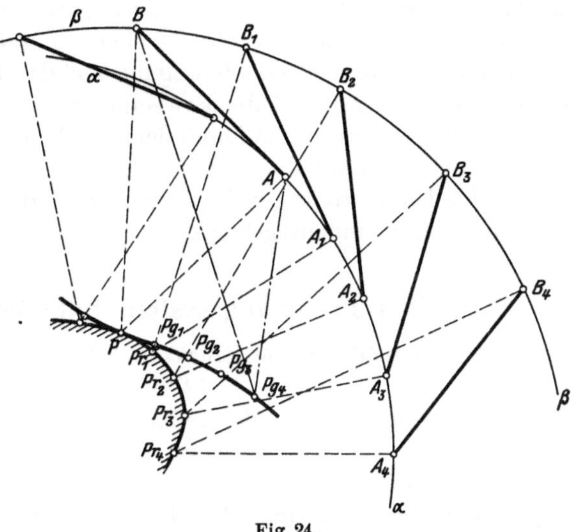

Fig. 24.

Systems den Pol suchen, die Winkelgeschwindigkeit ist dagegen nicht bestimmt, die Bewegung ist nur in ihrem geometrischen Verlauf festgelegt.

In Fig. 24 sollen die beiden Punktbahnen α und β und die beiden zeitlich zusammengehörigen Lagen A und B der Punkte, welche die gegebenen Wege durchlaufen, bekannt sein. Der Schnitt der beiden Normalen in A und B gibt den momentanen Pol P. Es sind nun in $A_1 B_1$, $A_2 B_2$, $A_3 B_3$ usf. weitere Lagen des bewegten Systems gezeichnet, für jede dieser Lagen ist der momentane Pol konstruiert (bezeichnet mit Pr_1, Pr_2 usf.). Die Aufeinanderfolge der einzelnen Pole im ruhenden System nennt man die Rastpolbahn. Man kann sich nun auch im bewegten System die Kurve, welche der momentane Pol bei der Bewegung beschreibt, festlegen, diese Kurve heißt die Gangpolbahn; um sie zu finden, dreht man sich das bewegte System, welches sich momentan etwa in Stellung 4 befinden möge, mit dem Dreieck $Pr_4A_4B_4$ in die Ausgangslage zurück, so daß A_4B_4 mit AB zusammenfällt, der dritte Eckpunkt des zurückgedrehten Dreiecks ist mit Pg_4 bezeichnet. Pg_4 ist ein Punkt der Gangpolbahn, in gleicher Weise sind Pg_1, Pg_2 ... gefunden. Die Punkte Pg_1 und Pr_1, Pg_2 und Pr_2 ... kommen der Reihe nach zur Deckung, also ist $PPg_1 = PPr_1$, ebenso $Pg_1Pg_2 = Pr_1Pr_2$. Die Gangpolbahn rollt also bei der Bewegung auf der Rastpolbahn ab, und zwar ist der jeweilige Berührpunkt beider Polbahnen der momentane Pol, er bewegt sich auf den Polbahnen mit derselben Geschwindigkeit u fort, so daß $u = \dfrac{ds_r}{dt} = \dfrac{ds_g}{dt}$, wobei ds_r und ds_g die vom Pol während des Zeitelements dt auf der Rast- resp. Gangpolbahn durchlaufenen Wegstrecken darstellen.

Allgemein läßt sich jede Bewegung auf das Rollen zweier Kurven zurückführen. Oftmals ist die Bewegung direkt dadurch gegeben, daß zwei bestimmte Kurven aufeinander abrollen, diese sind dann unmittelbar die Polbahnen.

Bei der Umkehrung der Bewegung wird die frühere Rastpolbahn zur Gangpolbahn und umgekehrt.

B. Das Bewegungssystem höherer Ordnung.

§ 11. Der momentane Pol eines ebenen Bewegungssystems zweiter Ordnung.

Zwei bewegte Systeme S_1 und S_2 sollen sich gegen ein ruhendes System S_0 in bestimmter Weise bewegen. Die Bewegung von S_1 gegen S_0 ist eine absolute, jene von S_2 gegenüber S_1 eine relative. Dementsprechend hat man einen Pol P_{10} zwischen S_1 und S_0 und einen Pol P_{21} zwischen S_2 und S_1. Diese beiden Pole sowie die entsprechenden Winkelgeschwindigkeiten ω_{10} und ω_{21} sind als bekannt vorausgesetzt. In Fig. 25 ist angenommen, daß der Drehsinn für ω_{10} und ω_{21} der gleiche sei.

S_2 führt nun auch gegen S_0 eine absolute Bewegung aus, deren momentaner Pol P_{20} ist. P_{20} ist jener Punkt in S_2, der momentan keine Geschwindigkeit hat, oder dessen Relativgeschwindigkeit gegen S_1 negativ gleich ist der absoluten Geschwindigkeit, welche P_{20} als Punkt des Systems S_1 gegen S_0 besitzt. Da beide Geschwindigkeitskomponenten senkrecht auf den Polstrahlen, $P_{10}P_{20}$ resp. $P_{21}P_{20}$ stehen müssen und die gleiche Richtung haben, muß die Verbindung von P_{10} mit P_{20} und von P_{20} mit P_{21} eine Gerade sein, d. h. P_{20} muß liegen auf der Verbindungslinie $P_{10} P_{21}$. Um auf $P_{10} P_{21}$ den Punkt P_{20} zu finden, zeichne man sich für die Gerade $P_{20} P_{21}$ die beiden Geschwindigkeitsdiagramme α und β. α bekommt man, wenn $P_{10} P_{21}$ als zum System S_1 gehörig angenommen wird bei dessen Bewegung gegen S_0; β dagegen ist das Geschwindigkeitsdiagramm der in S_2 gelegenen Geraden bei der Relativbewegung gegen S_1:

$$\operatorname{tg}\vartheta_{10} = \omega_{10} \; ; \quad \operatorname{tg}\vartheta_{21} = \omega_{21} \quad \text{(Fig. 25).}$$

Irgendein Punkt $P x$ (von S_2) im Abstande r_{1x} von P_{10} und r_{2x} von P_{21} hat die beiden Geschwindigkeiten u_{1x} und u_{2x}. Die absolute Geschwindigkeit von $P_x = u_{1x} - u_{2x}$; $u_{1x} = r_{1x} \cdot \omega_{10}$, $u_{2x} = r_{2x} \cdot \omega_{21}$.

P_x geht in den Pol P_{20} über, wenn die Differenz $u_{1x} - u_{2x}$ verschwindet. P_{20} sei von P_{10} resp. P_{21} um r_1 resp. r_2 entfernt, dann ist $r_1 \omega_{10} = r_2 \omega_{21}$ oder $\dfrac{r_1}{r_2} = \dfrac{\omega_{21}}{\omega_{10}}$.

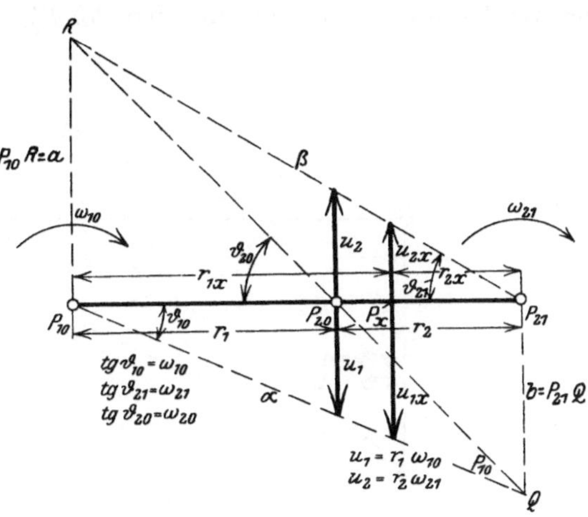

Fig. 25.

Der resultierende Pol P_{20} eines ebenen Systems zweiter Ordnung teilt also die Verbindungsstrecke der Pole P_{10} und P_{21} im umgekehrten Verhältnis der Winkelgeschwindigkeiten. Für den resultierenden Pol gilt also dasselbe Gesetz wie für den Schwerpunkt zweier Massen, die Winkelgeschwindigkeiten sind dabei als Massen aufzufassen. Man findet den Pol P_{20} in bequemer Weise, wenn man in P_{10} und P_{21} die Lote auf $P_{10} P_{21}$ fällt, diese treffen die Geraden α und β in R und Q. Die Verbindungslinie RQ schneidet auf Strecke $P_{10} P_{21}$ im Pol P_{20} ein.

Die Winkelgeschwindigkeit der Drehung des Systems S_2 um P_{20} sei $\omega_{20} = \operatorname{tg}\vartheta_{20}$.

$$\operatorname{tg}\vartheta_{20} = \frac{P_{10} R}{r_1} = \frac{P_{21} Q}{r_2} \quad \text{oder} \quad \operatorname{tg}\vartheta_{20} = \frac{a}{r_1} = \frac{b}{r_2} \quad \text{(Fig. 25)}$$

$$r_1 b = r_2 a \; ; \quad r_1 b + b r_2 = r_2 a + b r_2 \, , \quad \text{folglich} \quad \frac{a+b}{r_1 + r_2} = \frac{b}{r_2} = \omega_{20}$$

$$\frac{a}{r_1 + r_2} = \omega_{21} \, , \quad \frac{b}{r_1 + r_2} = \omega_{10} \, , \quad \text{somit} \quad \omega_{20} = \omega_{10} + \omega_{21} \, .$$

Die Winkelgeschwindigkeit um Pol P_{20} ist gleich der Summe der Winkelgeschwindigkeiten um die Pole P_{10} und P_{21}.

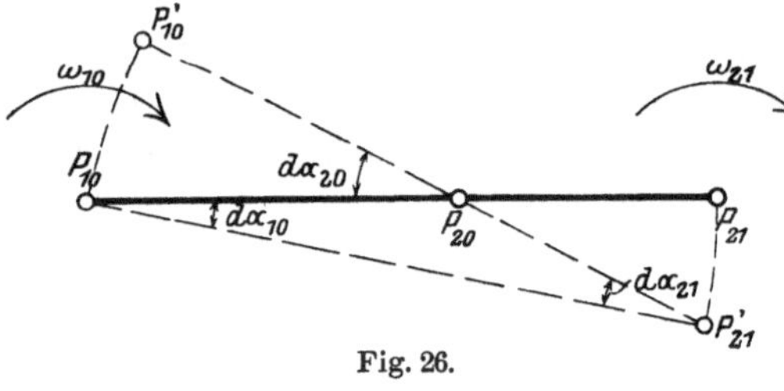

Fig. 26.

In Fig. 26 ist die Bewegung des Systems zweiter Ordnung während des Zeitelementes dt betrachtet. Strecke $P_{10} P_{21}$ des Systems S_1 beschreibt während dt den unendlich kleinen Winkel $d\alpha_{10} = \omega_{10} \cdot dt$; P_{21} kommt dabei in die Endlage P'_{21}. $P_{10} P_{21}$ als Strecke im System S_2 dreht sich relativ zu S_1 um den Winkel $d\alpha_{21} = \omega_{21} \cdot dt$, um den Pol P'_{21}, ihre Endlage von S_0 aus

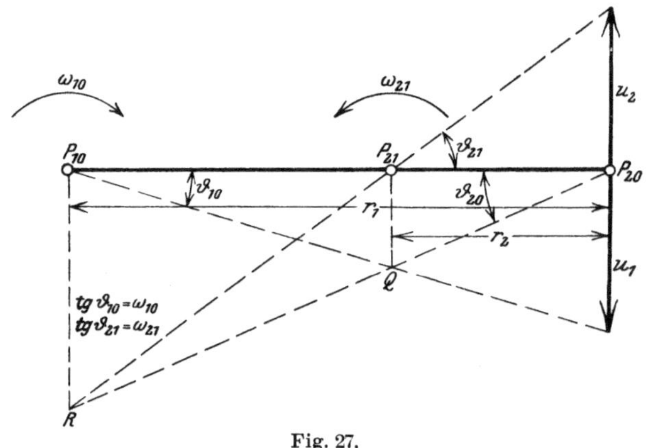

Fig. 27.

gesehen ist $P'_{21} P'_{10}$, diese schneidet $P_{10} P_{21}$ im Pol P_{20}. Die absolute Bewegung der Strecke $P_{10} P_{21}$ in S_2 ist eine Drehung um P_{20} um den

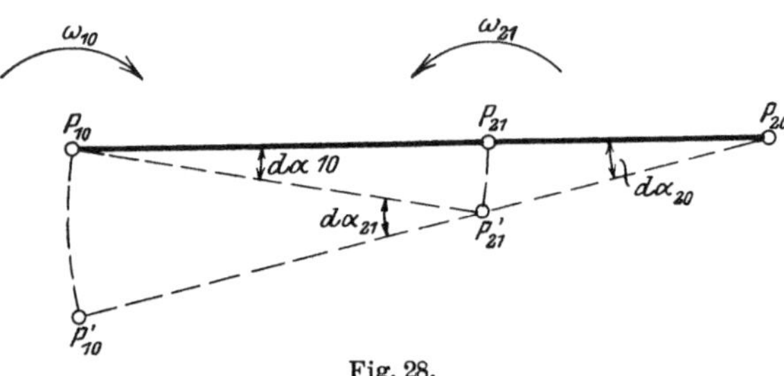

Fig. 28.

Winkel $d\alpha_{20} = \omega_{20} \cdot dt$; $d\alpha_{20}$ als Außenwinkel in Dreieck $P_{10} P_{20} P'_{21} = d\alpha_{10} + d\alpha_{21}$ oder

$$\omega_{20} dt = \omega_{10} dt + \omega_{21} dt,$$

$$\omega_{20} = \omega_{10} + \omega_{21}.$$

In Fig. 27 und 28 ist der Pol P_{20} aus P_{10} und P_{21} und ω_{10} und ω_{21} in genau derselben Weise wie in Fig. 25 und 26 aufgesucht worden. Die Winkelgeschwindigkeiten ω_{10} und ω_{21} sind hier mit verschiedenem Drehsinn angenommen. Die Strecke $P_{10} P_{21}$ wird vom Pol äußerlich im Verhältnis von ω_{10} und ω_{21} geteilt. ω_{20} ist auch hier $= \omega_{10} + \omega_{21}$, wenn man den verschiedenen Drehsinn durch das Vorzeichen der Winkelgeschwindigkeiten unterscheidet.

Zusammenfassend kann man folgenden Satz aussprechen: Der resultierende momentane Pol eines bewegten Systems zweiter Ordnung liegt stets auf der Geraden durch die momentanen Pole der absoluten Bewegung des ersten Systems und der Relativbewegung des zweiten Systems gegen das erste, er teilt die Strecke zwischen den beiden Polen im umgekehrten Verhältnis der Winkelgeschwindigkeiten und zwar innerlich, wenn beide Winkelgeschwindigkeiten gleich gerichtet, äußerlich, wenn sie entgegengesetzt gerichtet sind.

Für den Fall $\omega_{10} = \omega_{21}$ fällt der resultierende Pol auf den Mittelpunkt der Strecke $P_{10} P_{21}$. Die Winkelgeschwindigkeit ω_{20} wird doppelt so groß als ω_{10}.

Wenn $\omega_{10} = -\omega_{21}$ ist, fällt P_{20} ins Unendliche und ω_{20} wird Null. Die momentane Bewegung von S_2 gegen S_0 ist dann eine reine Parallelverschiebung.

§ 12. Resultierende Geschwindigkeit eines Punktes im System zweiter Ordnung.

Die Pole P_{10}, P_{21} und die Winkelgeschwindigkeiten ω_{10} und ω_{21} seien wieder beliebig gegeben, es soll die absolute Geschwindigkeit des Punktes A in System S_2 ermittelt werden. (Fig. 29.)

v_A ist die geometrische Summe aus den beiden Komponenten v_{A_1} und v_{A_2}, dabei ist v_{A_1} die Geschwindigkeit, welche der in System S_1 gelegene Punkt A besitzt, v_{A_2} ist die Relativgeschwindigkeit des Punktes A im System S_2 gegen S_1.

Errichtet man in A zu v_A das Lot, so schneidet dieses die Gerade $P_{10} P_{21}$ im Pol P_{20}. Man kann v_A auch in der Weise finden, daß man sich zuerst P_{20} aufsucht und den Winkel ϑ_{20} oder die Winkelgeschwindigkeit ω_{20} bestimmt, mit deren Hilfe man die Größe von v_A in bekannter Weise ermittelt.

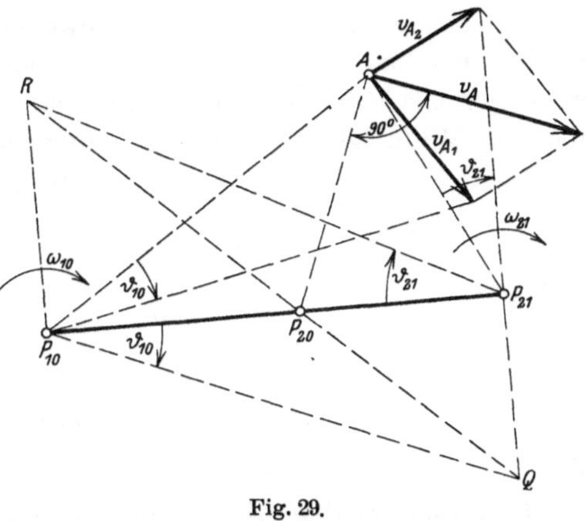

Fig. 29.

§ 13. Der Pol eines ebenen Bewegungssystems n ter Ordnung.

Das bewegte System n ter Ordnung bestehe aus S_0, S_1, $S_2 \ldots S_n$; die Pole P_{10}, P_{21}, $P_{32} \ldots P_{n(n-1)}$, sowie die Winkelgeschwindigkeiten

ω_{10}, ω_{21}, ω_{32} ... $\omega_{n(n-1)}$ seien bekannt, gesucht ist der Pol P_{n0}. Man kann den Pol P_{20} zwischen S_2 und S_0 nach den Angaben im vorhergehenden Abschnitt sofort finden. S_0, S_2 und S_3 bilden wieder ein Bewegungssystem zweiter Ordnung mit dem Pol P_{30}, aus P_{30} und P_{43} ergibt sich P_{40} usf. (siehe Fig. 30). Die resultierende Winkelgeschwindigkeit

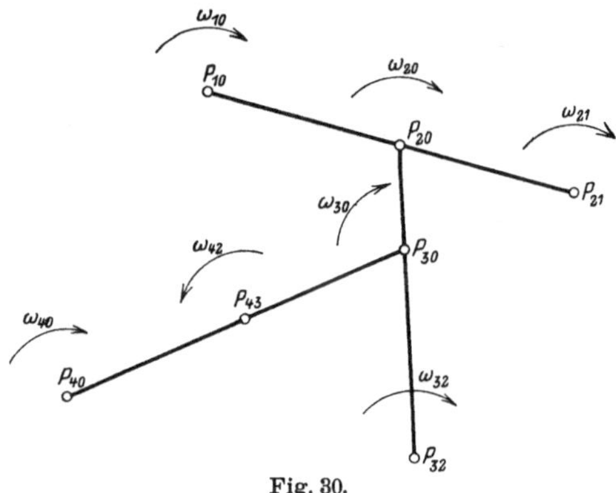

Fig. 30.

$$\omega_{n0} = \sum_{\omega_{10}}^{\omega_{n(n-1)}} \omega \,.$$

Für die Auffindung des resultierenden Pols gelten dieselben Gesetze wie für die Bestimmung des Schwerpunktes eines Massensystems (mit den Massen ω_{10}, ω_{21} ...). Negative Winkelgeschwindigkeiten entsprechen negativen Massen.

§ 14. Die Zerlegung einer Bewegung.

In vielen Fällen kennt man die absolute Bewegung eines Systems S_n und gefragt ist nach der Relativbewegung von S_n gegen S_1, S_2 usf., welche zwischen S_n und S_0 eingeschoben sind. Im einfachsten Falle eines Systems zweiter Ordnung bestehen zwischen den Polabständen und den Winkelgeschwindigkeiten folgende Beziehungen:

(1)
$$P_{21}\, P_{20} \cdot \omega_{21} = P_{10}\, P_{20} \cdot \omega_{10} \,,$$

(2)
$$\omega_{21} + \omega_{10} = \omega_{20}$$

oder mit

$$P_{10}\, P_{20} = r_1 \,,$$
$$P_{21}\, P_{20} = r_2 \,,$$

(1)
$$r_1\, \omega_{10} = r_2\, \omega_{21} \,,$$

(2)
$$\omega_{21} + \omega_{10} = \omega_{20} \,.$$

In diesen beiden Gleichungen ist ω_{20} bekannt, von den übrigen vier Größen können zwei beliebig gewählt werden, die beiden andern sind dann rechnerisch oder durch die Konstruktion zu ermitteln.

Um die Zerlegung der Bewegung in einem System $n$ter Ordnung vorzunehmen, betrachte man zuerst das Bewegungssystem zweiter Ordnung S_0, S_{n-1}, S_n. Hat man den Pol und die Winkelgeschwindigkeit von S_n und S_{n-1} gefunden, so schaltet man S_{n-2} zwischen S_{n-1} und S_0 usf. Man findet in dieser Weise die Relativbewegung von S_n gegenüber allen zwischengeschobenen Systemen S_1, S_2 ... S_{n-1}.

Beispiele.

a) Die Pole des Kurbelgetriebes.

Das Kurbelgetriebe bestehe aus den vier Systemen S_0, S_1, S_2, S_3.

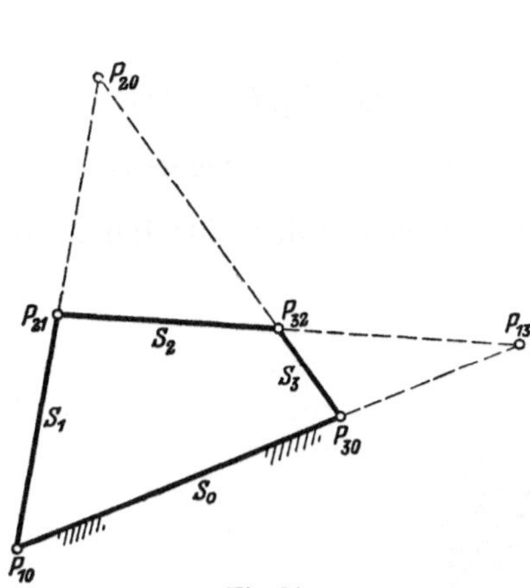

Fig. 31.

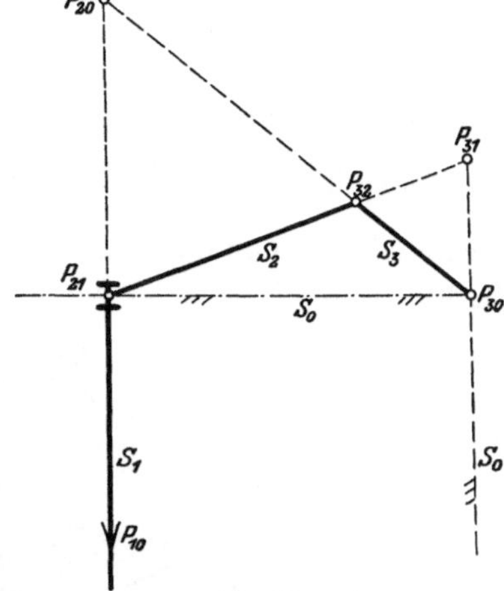

Fig. 32.

S_0 sei ruhend gedacht (Fig. 31). Die Gelenkpunkte sind unmittelbar vier Pole, und zwar ist Gelenk P_{10} der Pol zwischen S_1 und S_0.

P_{21} der Pol zwischen S_2 und S_1,

P_{32} ,, ,, ,, S_3 ,, S_2,

P_{30} ,, ,, ,, S_3 ,, S_0.

Der Pol von S_2 gegen S_0 muß sowohl auf der Geraden $P_{10}P_{21}$ als auch auf $P_{30}P_{32}$, jener von S_1 gegen S_3 auf $P_{10}P_{30}$ und $P_{21}P_{32}$ liegen. Die Pole P_{20} und P_{23} sind also die Schnittpunkte dieser Geraden. Bei dem normalen Kurbelgetriebe (Fig. 32) ist der Punkt P_{10} ins Unendliche gerückt. Die Bewegung von S_1 (Kreuzkopf) ist eine reine Parallelverschiebung oder eine Drehung um den unendlich fernen Pol P_{10}.

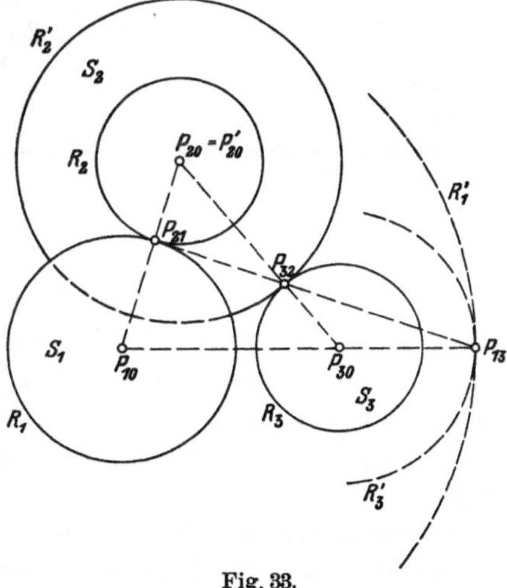

Fig. 33.

b) Pole am Rädervorgelege.

In Fig. 33 ist ein Vorgelege gezeichnet, dessen Teilkreise R_1, R_2, R_2' und R_3 gegeben sind. Die Räder zu R_1 und R_3 repräsentieren die Systeme S_1 und S_3 mit den Polen P_{10} und P_{30}. Die beiden Räder mit dem Pol $P_{20} = P_{20}'$, die auf der Welle fest miteinander verbunden sind, stellen das bewegte System S_2 dar.

Die Teilkreise sind die Polbahnen der Relativbewegungen, so ist z. B. R_2 die Gangpolbahn, R_1 die Rastpolbahn von System S_2 gegen S_1, der momentane Pol ist der Berührpunkt P_{21} der Kreise R_2 und R_1, P_{32} ist der momentane Pol zwischen S_3 und S_2. Es soll nun das Übersetzungsverhältnis des Vorgeleges ermittelt werden, d. h. die Relativgeschwindigkeit von S_1 gegen S_3. Zu diesem Zweck ist der Pol P_{13} zu suchen, er ergibt sich als Schnitt von $P_{10}P_{30}$ mit $P_{21}P_{32}$. Das Übersetzungsverhältnis ist $\dfrac{\omega_{30}}{\omega_{10}} = \dfrac{P_{13}P_{10}}{P_{13}P_{30}}$. An Stelle des gegebenen Vorgeleges könnte man das Räderpaar $R_1'R_3'$ setzen mit den Mittelpunkten P_{10} und P_{30}.

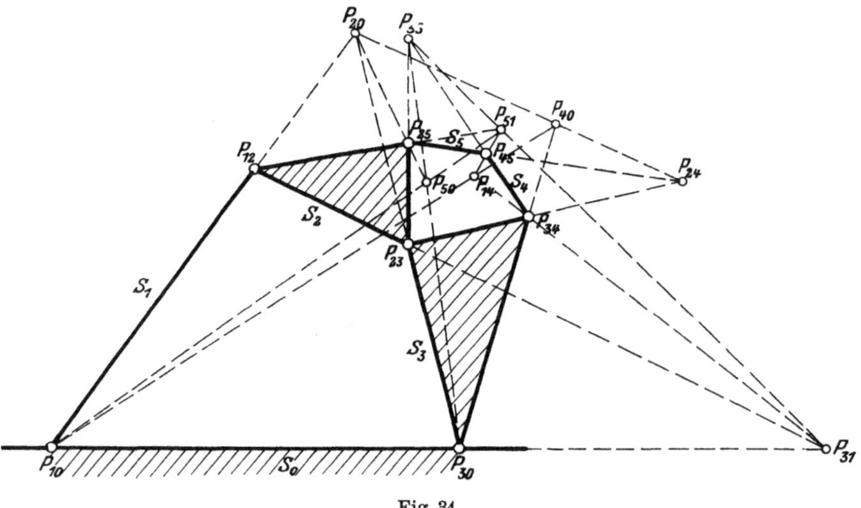

Fig. 34.

Da das Übersetzungsverhältnis nur von der Lage des Pols P_{13} abhängt, so geben sämtliche Vorgelege, bei denen die Verbindungslinie der Berührpunkte P_{21} und P_{32} durch den Pol P_{13} gehen, das gleiche Übersetzungsverhältnis. Liegt der Pol P_{13} im Unendlichen, ist also $P_{21}P_{32}$ parallel $P_{10}P_{30}$, so ist das Übersetzungsverhältnis gleich eins.

c) Die Pole am Wattschen Mechanismus.

Der Wattsche Mechanismus besteht aus vier untereinander durch Gelenke verbundenen Systemen S_0, S_1, S_2, S_3. S_2 und S_3 sind zu Dreiecken ausgebildet, zwischen welche mit Hilfe dreier weiterer Gelenke die beiden Systeme S_4 und S_5 eingeschaltet sind (Fig. 34). Es sollen sämtliche Pole an diesem Mechanismus bestimmt werden. Die einzelnen Gelenkpunkte bilden die Pole P_{10}, P_{30}, P_{23}, P_{12}, P_{25}, P_{45} und P_{34}. Man findet weiter

Pol P_{20} als Schnittpunkt von $P_{10}P_{12}$ und $P_{30}P_{32}$,
„ P_{31} „ „ „ $P_{12}P_{23}$ „ $P_{10}P_{30}$,
„ P_{24} „ „ „ $P_{25}P_{45}$ „ $P_{23}P_{34}$,
„ P_{35} „ „ „ $P_{23}P_{25}$ „ $P_{34}P_{45}$,
„ P_{51} „ „ „ $P_{12}P_{25}$ „ $P_{35}P_{31}$,
„ P_{40} „ „ „ $P_{20}P_{24}$ „ $P_{30}P_{34}$,
„ P_{41} „ „ „ $P_{31}P_{34}$ „ $P_{10}P_{40}$,
„ P_{50} „ „ „ $P_{10}P_{15}$ „ $P_{20}P_{25}$.

Damit sind sämtliche Pole ermittelt. Man kann auch zur Bestimmung der Pole einige andere Gerade als die oben benutzten zum Schnitt bringen, es müssen nur immer drei Pole, von denen einer die den beiden andern nicht gemeinschaftlichen Indizes hat, auf einer Geraden liegen, z. B. P_{14}, P_{45}, P_{51}. Durch Ziehen solcher Kontrollgeraden hat man ein sicheres Mittel zur Prüfung der Richtigkeit der Konstruktion.

Was die Anzahl der Pole anlangt, so kann man jedes einzelne der n Systeme mit allen $(n-1)$ übrigen kombinieren, man erhält dann jeden Pol zweimal, da P_{nm} und P_{mn} denselben Pol darstellen, die Gesamtzahl der Pole ist somit $\dfrac{n}{2}(n-1)$. Im obigen Beispiel ist $n = 6$ (0 bis 5), somit die Anzahl der Pole $\dfrac{6}{2}\cdot(6-1) = 15$.

C. Die Krümmungsverhältnisse der Punktbahnen.

§ 15. Konstruktion der Krümmungsmittelpunkte.

Die Bestimmung der Beschleunigung eines bewegten Punktes, welche später erfolgen soll, ist in einfacher Weise erledigt, wenn man die Krümmungsverhältnisse der Punktbahn kennt. Im folgenden soll gezeigt werden, wie es möglich ist, für einen Punkt der Bahn den Krümmungsmittelpunkt zu finden. In manchen praktischen Fällen sucht man sich den Krümmungskreis dadurch, daß man ihn durch drei nahe beieinander gelegene Punkte der Bahn zeichnet; dies Verfahren ist aber meist ungenügend.

Mit Hilfe der analytischen Geometrie findet man den Krümmungsradius ϱ und den Krümmungsmittelpunkt mit den Koordinaten ξ und η aus den Gleichungen

$$(1) \qquad \varrho = \pm \frac{[1 + [f'(x)]^2]^{\frac{3}{2}}}{f''(x)} \, ,$$

$$(2) \qquad \xi = x - \frac{[1 + [f'(x)]^2]\, f'(x)}{f''(x)} \, ,$$

$$(3) \qquad \eta = y + \frac{1 + [f'(x)]^2}{f''(x)} \, .$$

Dabei ist $y = f(x)$ die Punktbahn.

Um ξ, η und ϱ in dieser Weise ausrechnen zu können, müßte man die Bahn, welche fast ausnahmslos zeichnerisch gegeben ist, durch die Funktion $y = f(x)$ darstellen; das ist selten möglich oder so kompliziert, daß eine graphische Bestimmung des Mittelpunktes des Krümmungskreises in den meisten Fällen vorzuziehen ist.

Die im folgenden entwickelte Konstruktion der Ermittlung der Krümmungsverhältnisse stammt von Hartmann (Zeitschr. d. V. d. Ing. 1893, S. 95).

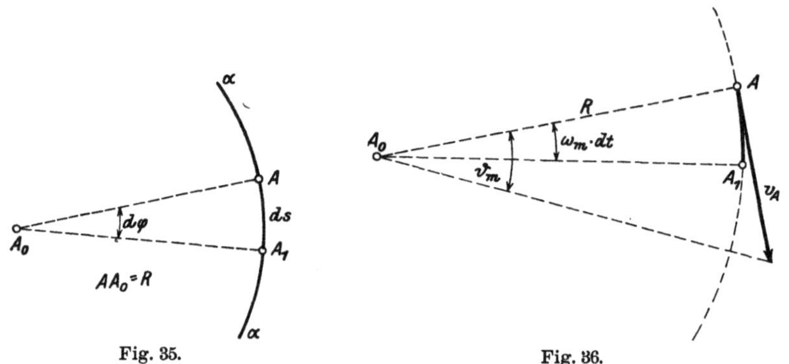

Fig. 35.   Fig. 36.

Für das Element $A A_1 = ds$ der in Fig. 35 gezeichneten Wegkurve α gilt die Beziehung $ds = R \cdot d\varphi$, wobei R der Krümmungsradius und $d\varphi$ der über ds stehende Zentriwinkel ist. Man kann sich während der Bewegung von A nach A_1 den Radius $A A_0$ fest mit dem bewegten Punkt verbunden denken. $A A_0$ dreht sich dann während der Zeit dt um A_0 und überstreicht den Winkel $d\varphi$. In Fig. 36 sei die Geschwindigkeit v_A als bekannt vorausgesetzt, $v_A = R\,\omega_m$.

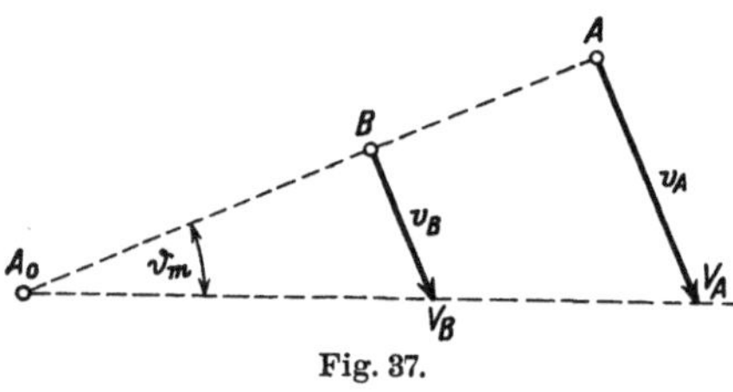

Fig. 37.

Die Drehung um den Krümmungsmittelpunkt A_0 erfolgt dann mit der Winkelgeschwindigkeit $\omega_m = \operatorname{tg}\vartheta_m$. Der während dt beschriebene Winkel ist $\omega_m \cdot dt = d\varphi$; $\omega_m = \dfrac{d\varphi}{dt} = \dfrac{v_A}{R}$. Die Bestimmung des Krümmungsmittelpunktes beruht somit auf der Ermittlung des Verhältnisses $\dfrac{v_A}{\omega_m}$. Kennt man von der Strecke $A_0 A$ die Geschwindigkeit eines weiteren Punktes B (Fig. 37), so braucht man nur die Verbindungslinie $V_A V_B$ zu ziehen, diese schneidet die Gerade AB im Krümmungsmittelpunkt A_0. Einen solchen Punkt B hat man in dem momentanen Pol P des bewegten Systems S_1, in welchem A gelegen ist. Da der Krümmungsradius $A A_0$ senkrecht auf v_A steht (Fig. 38), so muß P auf $A A_0$ gelegen sein.

Die Drehung um A_0 gibt für die Bewegung von A die bestmögliche Annäherung, drei unendlich benachbarte Lagen von A (etwa Lage A_1, A_2 und A_3) fallen bei der Drehung von A um A_0 mit der wirklichen Bahnkurve zusammen. Bei der Lageänderung von A_1 nach A_2 möge sich S_1 um den Pol P_1 drehen, bei der Lagenänderung A_2 nach A_3 sei P_2 der Pol. Während der Zeit dt der Drehung um A_0 hat sich der Pol von P_1 nach P_2 bewegt. Die Geschwindigkeit. mit welcher er seine Lage ändert, ist die Pol- oder Polwechselgeschwindigkeit u. In Fig. 38 sind für das bewegte System S_1 Rast- und Gangpolbahn gezeichnet, welche sich augenblicklich im Pol P berühren, dessen Geschwindigkeit u als bekannt angenommen ist. Bei der Drehung

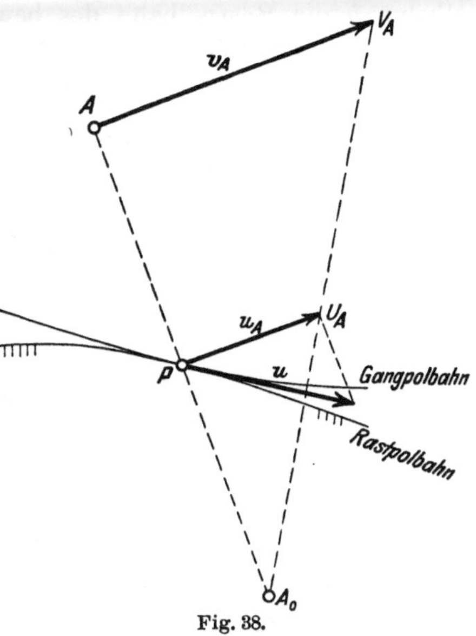

Fig. 38.

von A um den Krümmungsmittelpunkt A_0 bleibt P immer auf der Bahnnormalen $A A_0$, dagegen wird sich P auf $A A_0$ verschieben; zerlegt man die Geschwindigkeit u in zwei Komponenten senkrecht und parallel zu $A A_0$, so gibt die erste in Fig. 38 mit u_A bezeichnete Komponente jene Geschwindigkeit an, mit der sich P als fester Punkt auf $A A_0$ aufgefaßt bei der Drehung um A_0 bewegt. V_A, U_A, A_0 liegen auf einer Geraden. Hat man also auf irgendeine Weise u oder u_A gefunden, so ist auch der Krümmungsmittelpunkt A_0 bekannt. Andererseits folgt aus der Kenntnis von A_0 die Komponente u_A. Sind von zwei Punkten A und B in S_1 gleichzeitig die Krümmungsmittelpunkte bekannt, so kennt man damit auch die Pol

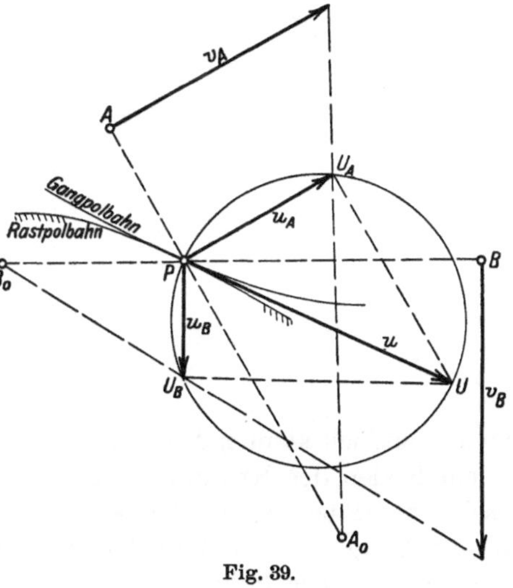

Fig. 39.

wechselgeschwindigkeit u. P, U_A, U und U_B liegen auf einem Kreis über u (siehe Fig. 39).

Das Verfahren der Aufsuchung des Krümmungsmittelpunktes soll an einem Beispiel näher erörtert werden. In Fig. 40 sei a die Gangpolbahn, b die Rastpolbahn des bewegten Systems S_1. Die Krümmungsradien $R = PM$ und $R_0 = PM_0$ von a und b im Pol P seien gegeben, ebenso die Geschwindigkeit v_A irgendeines Punktes A in S_1. Für

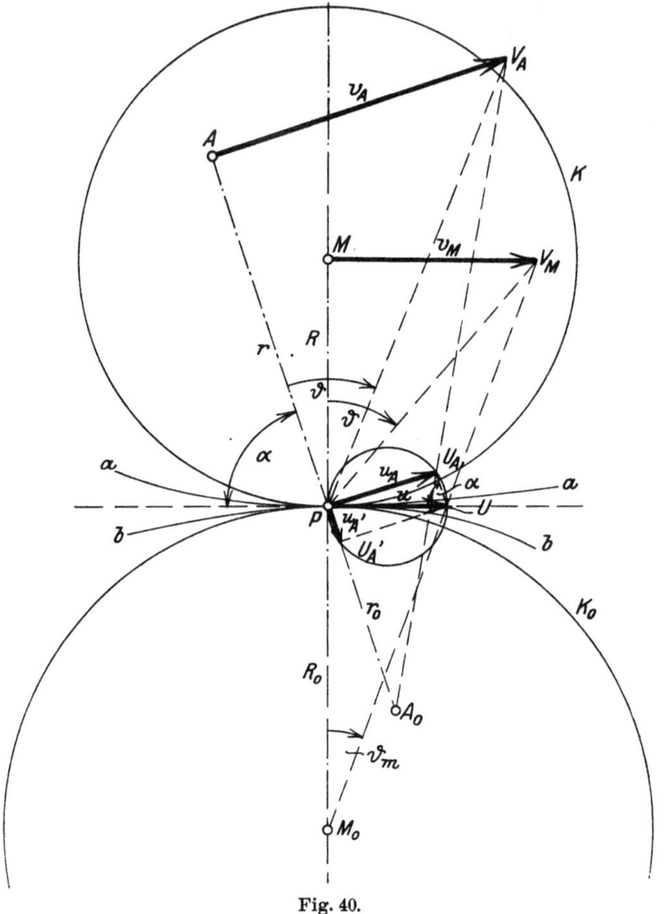

Fig. 40.

einen unendlich kleinen Ausschlag kann die Bewegung aufgefaßt werden als ein Rollen des Krümmungskreises K auf K_0. Der Mittelpunkt M beschreibt dabei einen Kreis um M_0 mit einer Geschwindigkeit $v_M = MP \cdot \mathrm{tg}\,\vartheta$. Die Winkelgeschwindigkeit der Drehung um M_0 ist $\omega_m = \mathrm{tg}\,\vartheta_m$. Die Polgeschwindigkeit $u = R_0\,\mathrm{tg}\,\vartheta_m$. Man beschreibe nun über u als Durchmesser den Kreis und ziehe darin die Sehne u_A senkrecht zu AP. Verbindet man nun V_A mit U_A, so schneidet diese Gerade AP im Krümmungsmittelpunkt A_0. Die Komponente

$u'_A = PU'_A$ von u gibt die Geschwindigkeit an, mit welcher sich der Pol längs der Geraden AA_0 verschiebt.

Wird in Fig. 40 A_0P mit r_0, AP mit r und der Winkel zwischen der Richtung von u und PA mit α bezeichnet, so ergibt sich folgende Beziehung:

$$\frac{r_0}{r + r_0} = \frac{u_A}{v_A} = \frac{u \cdot \sin\alpha}{r \cdot \omega}$$

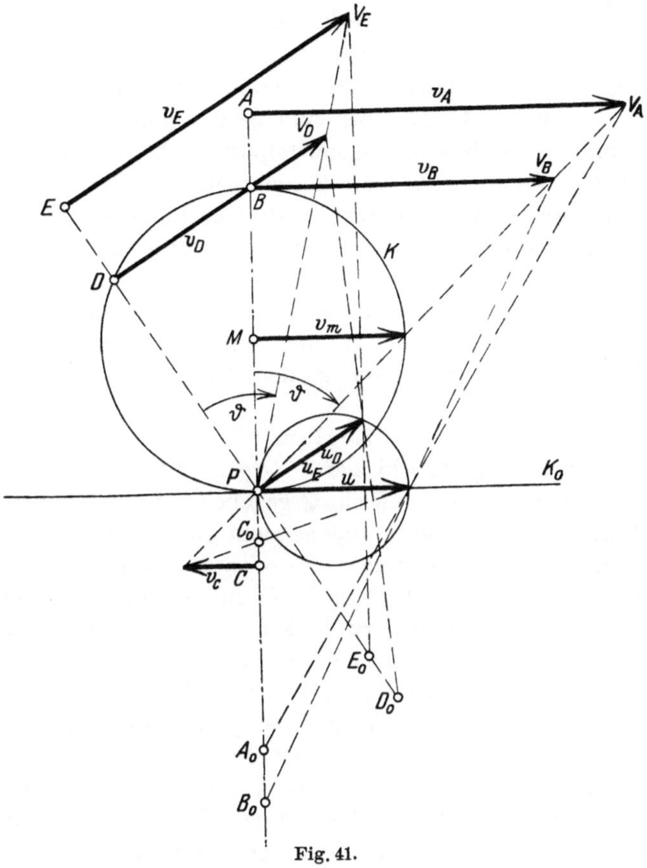

Fig. 41.

oder
$$(r + r_0)\, u \cdot \sin\alpha = r\, r_0 \cdot \omega$$

$$\left(\frac{1}{r} + \frac{1}{r_0}\right) \cdot \sin\alpha = \frac{\omega}{u} = \frac{1}{R} + \frac{1}{R_0}\,.$$

Diese Beziehung heißt die Gleichung von Savary.

Beispiele.

a) **Konstruktion der Krümmungskreise von Zykloiden.**
Der Kreis K in Fig. 41 mit dem Mittelpunkt M rolle auf der Geraden K_0. K und K_0 sind die Polbahnen, der augenblickliche Be-

rührpunkt P ist der momentane Pol. Alle mit der Kreisscheibe fest verbundenen Punkte A, B, C, D, E beschreiben Zykloidenbahnen, deren Krümmungsmittelpunkte für die in Fig. 41 gezeichneten Ausgangslagen zu ermitteln sind. Die Winkelgeschwindigkeit der Momentandrehung um P sei gleich eins angenommen, $\omega = 1 = \mathrm{tg}\,\vartheta$, $\vartheta = 45°$, die Polabstände der Punkte geben dann unmittelbar die Größe der Geschwindigkeit der Punkte an. Die Polwechselgeschwindigkeit u ist gleich v_M, da MP immer senkrecht auf K_0 gerichtet ist. Die Krümmungsmittelpunkte A_0, B_0, C_0 der Bahnen der Punkte A, B, C, die auf MP liegen, findet man dann sofort, indem man durch die Endpunkte von v_A, v_B, v_C und u Gerade bis zum Schnittpunkt mit MP zieht. Zur Bestimmung der Krümmungsmittelpunkte E_0 und D_0 muß man sich zuerst die Komponente von u senkrecht zu PD oder PE aufsuchen, man beschreibe dazu über u als Durchmesser den Kreis und zieht in diesem Kreis die Sehne u_D senkrecht zu PD. Die Schnittpunkte der Geraden $V_D U_D$ resp. $V_E U_D$ mit der Geraden PDE geben die Krümmungsmittelpunkte E_0 und D_0. Für den auf Kreis K gelegenen höchsten Punkt B ist, wie aus Fig. 41 ersichtlich, der Krümmungsradius $BB_0 = 4\,r$, wenn r der Halbmesser des rollenden Kreises ist.

b) Umänderung eines Reglers.

Es sei der in Fig. 42 skizzierte Regler mit den Gelenkpunkten A, B, C und dem Schwunggewicht Q gegeben. Bei der konstruktiven Durchbildung habe sich gezeigt, daß es nicht gut möglich ist, die Stange BC im Punkt C an A anzulenken. Es sei nun aus irgendeinem Grund erwünscht, den Gelenkpunkt C nach D zu verlegen, welcher Punkt mit Stange BC fest verbunden zu denken ist; der Regler soll in seiner neuen Anordnung genau das gleiche Verhalten zeigen wie zuvor, das ist dann der Fall, wenn das Schwunggewicht in beiden Fällen die gleiche Bahn beschreibt. Es ist nun die Aufgabe, jenen Punkt zu suchen, der an Stelle von A zu treten hat, bei Verlegung von Gelenk C nach D. Verbindet man D durch eine Stange DD_0 mit dem Krümmungsmittelpunkt D_0 der Bahn von D bei der Bewegung, wie sie durch das ursprüngliche Reglerschema erzwungen wird, so kann man für kleine Ausschläge den Mechanismus als übergeschlossenen bezeichnen. Die Einschaltung der Stange DD_0 hebt die Bewegungsmöglichkeit nicht auf, läßt man in dem übergeschlossenen Mechanismus nachträglich Stange AC in Fortfall kommen, so beschreibt das Gewicht Q bei nicht zu großen Ausschlägen sehr angenähert die gleiche Bahn, wie sie beschrieben wird bei Anlenkung von C an A. Die Aufgabe besteht nun darin, den Krümmungsmittelpunkt D_0 aufzusuchen. Der momentane Pol des bewegten Systems BCD ist der Schnitt der Geraden AC mit der Senkrechten in P zur Regulatorwelle, die Winkelgeschwindigkeit der Drehung um Pol P oder den Winkel ϑ nehme man an und konstruiere sich die Geschwindigkeiten v_B und v_C.

Der Krümmungsmittelpunkt der Bahn von C ist A. Verbindet man A mit V_C und zeichnet man sich durch P die Parallele zu v_C, so schneidet diese die Gerade $A V_C$ in U_C. $U_C P = u_C =$ jener Komponenten der Polgeschwindigkeit u, welche senkrecht zu AP gerichtet ist. Der Krümmungsmittelpunkt der Bahn von B liegt im Unendlichen senkrecht

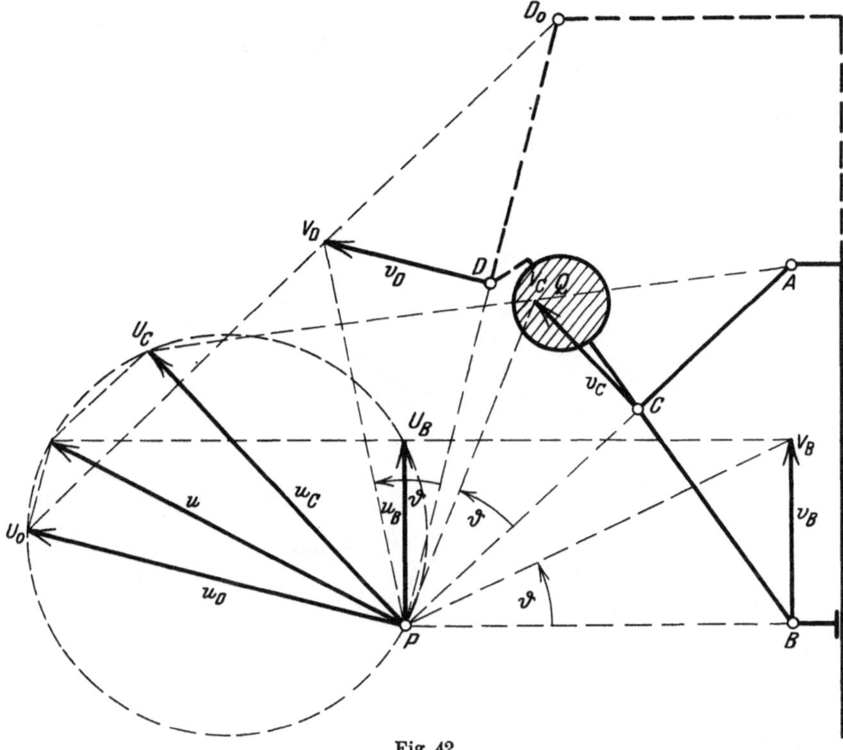

Fig. 42.

zur Reglerwelle; die Komponente u_B der Polwechselgeschwindigkeit u ist daher parallel und gleich v_B. Aus u_C und u_B findet man nach der in Fig. 39 angegebenen Konstruktion die Polgeschwindigkeit u, diese zerlege man in die beiden Komponenten parallel und senkrecht zu PD. Den Endpunkt U_D der zu PD senkrechten Komponenten u_D verbinde man mit V_D. Die Gerade $U_D V_D$ schneidet PD im Krümmungsmittelpunkt D_0.

Vgl. auch die Umwandlung des Kley schen Reglers in den Pröllschen bei Hartmann, Zeitschr. d. V. d. Ing. 1893, S. 95.

§ 16. Projektionssatz.

Der Projektionssatz ermöglicht in manchen Fällen eine sehr bequeme Aufsuchung der Krümmungsmittelpunkte von Systempunkten.

In Fig. 43 sei nach der früher bereits angegebenen Methode der Krümmungsmittelpunkt A_0 von A aufgesucht. Nach der Gleichung von Savary ist mit den Bezeichnungen der Fig. 43

$$\left(\frac{1}{r} + \frac{1}{r_0}\right) \cdot \sin\alpha = \frac{\omega}{u} = \frac{1}{r'} + \frac{1}{r_0'}.$$

Nun ist
$$r = r'\sin\alpha ,$$

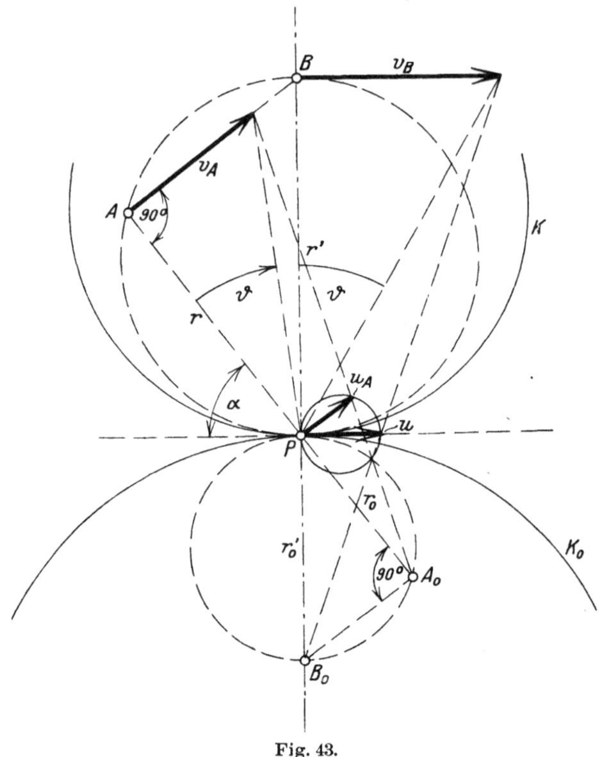

Fig. 43.

folglich

$$\frac{\sin\alpha}{r} + \frac{\sin\alpha}{r_0} = \frac{\sin\alpha}{r} + \frac{1}{r_0'} \quad \text{oder} \quad \frac{1}{r_0'} = \frac{\sin\alpha}{r_0} ; \quad r_0 = r_0'\sin\alpha .$$

Es muß also auch $B_0 A_0$ senkrecht stehen zu $A A_0$. Ebenso wie B, A und P auf dem Kreis über BP als Durchmesser liegen, bilden die Punkte $B_0 A_0 P$ einen Kreis, dessen Durchmesser $B_0 P$ ist. Projiziert man also einen Punkt B des Hauptstrahles auf einen zur Richtung von u geneigten Strahl nach A, so ist die Projektion A_0 von B_0 auf $A P$ der Krümmungsmittelpunkt von A. Bei einer gegebenen Aufgabe, die Krümmungsmittelpunkte beliebiger Punkte im bewegten System zu suchen, ist also nur nötig, die Krümmungsradien von Punkten des Hauptstrahles festzustellen, man hat dann auch mit Hilfe des Projektionssatzes sofort die gewollten Krümmungsmittelpunkte.

§ 17. Die Wendekreise.

Für einen unendlich fernen Punkt Z des Hauptstrahles PM (Fig. 44)
liegt der Punkt V_Z (Endpunkt der Geschwindigkeit von Z) in Rich-

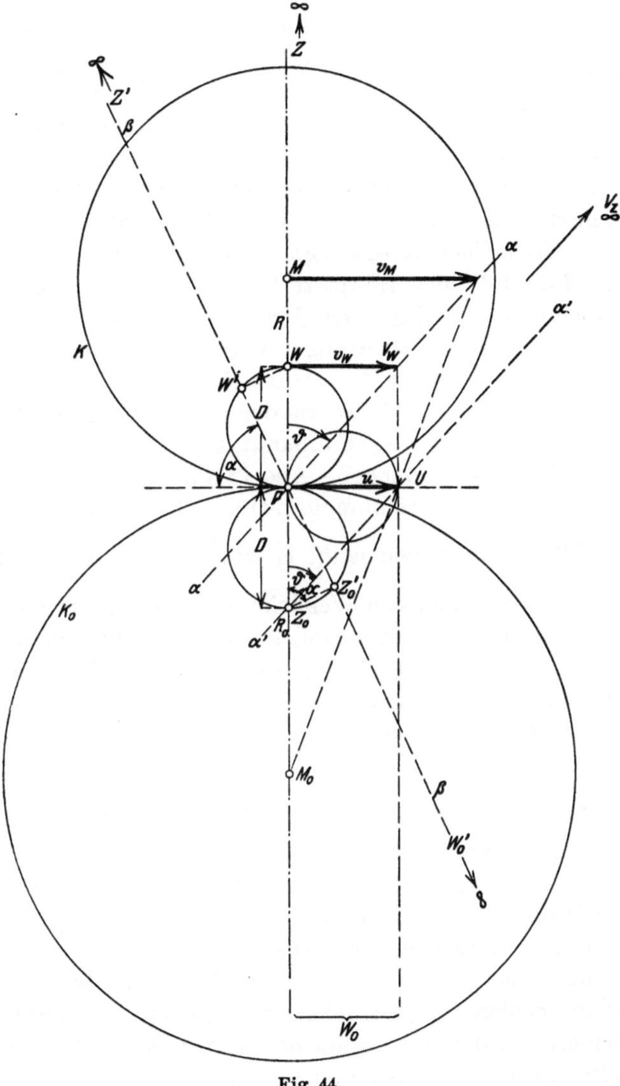

Fig. 44.

tung der unter ϑ zu PM geneigten Geraden $\alpha\,\alpha$ im Unendlichen. Zur
Konstruktion des Krümmungsmittelpunktes Z_0 hat man V_Z mit U
zu verbinden. In diesem Falle ist die Gerade $V_Z U = \alpha'\alpha'$ die durch U
zu α gezogene Parallele, sie schneidet den Hauptstrahl im Krümmungs-

mittelpunkt Z_0. Nach der Gleichung von Savary ist

$$\frac{1}{PZ_\infty} + \frac{1}{PZ_0} = \frac{\omega}{u} \quad \text{oder} \quad PZ_0 = \frac{u}{\omega}.$$

Für einen geneigten Strahl β ist die Strecke PZ_0' des unendlich fernen Punktes $Z' = \dfrac{u}{\omega}\sin\alpha$, wenn α den Winkel zwischen β und u bedeutet. Für alle unendlich fernen Punkte liegen die Krümmungsmittelpunkte sämtlich auf dem Kreis mit PZ_0 als Durchmesser.

Man kann nun auch ganz analog diejenigen Punkte bestimmen, deren Krümmungsmittelpunkte ins Unendliche fallen, d. h. solche Punkte, deren Bahnelement eine gerade Strecke ist. Man suche zunächst jenen Punkt W des Hauptstrahles, dessen Krümmungsmittelpunkt W_0 unendlich fern liegt. Die Verbindung $W_0 U$ ist die Parallele zu PM in U, wo diese die Richtung α trifft, ist V_W gelegen. Die Projektion von V_W auf PM gibt den Punkt W; $v_W = u$. Projiziert man W auf die Richtung β nach W', so ist der Krümmungsmittelpunkt W_0' nach dem Projektionssatz der Fußpunkt des Lotes von W_0 auf β. W_0' liegt ebenfalls im Unendlichen. Alle Punkte des Kreises über PW haben unendlich ferne Krümmungsmittelpunkte. Da die Dreiecke $PZ_0 U$ und PWV_W kongruent sind, ist $PW = PZ_0 = \dfrac{u}{\omega} = D$. Den Kreis über PW nennt man den Wendekreis, da alle Punkte des Kreisumfanges im betrachteten Augenblick Wendepunkte ihrer Bahnen durchlaufen. Die Geschwindigkeiten sämtlicher Punkte des Wendekreises gehen durch W. W heißt der Wendepol. Bei der Umkehrung der Bewegung vertauschen die Kreise über PZ_0 und PW ihre Rollen.

§ 18. Die Krümmungsverhältnisse der Hüllbahnen.

In Fig. 45 seien zwei unmittelbar aufeinanderfolgende Lagen des bewegten Systems S_1 gegeben mit den Momentanpolen P und P'. In S_1 ist eine Hüllkurve $\alpha\,\alpha$ gezeichnet, welche im betrachteten zweiten Augenblick nach $\alpha'\alpha'$ gelangt ist. Die Hüllbahn von $\alpha\,\alpha$ ist $b\,b$, die Berührungspunkte beider Kurven seien C und C'. Konstruiert man sich in P und P' die beiden Hauptstrahlen senkrecht zur gemeinschaftlichen Tangente beider Polbahnen, so schneiden sich diese in M_0, dem Krümmungsmittelpunkt der Rastpolbahn. Denkt man sich das bewegte System aus seiner zweiten Lage mit der Geraden $M_0 P'$ in die Ausgangslage zurückgedreht, so geht $M_0 P'$ in die Richtung β über. Die Gerade β schneidet $M_0 P$ in M, dem Krümmungsmittelpunkt der Gangpolbahn. M beschreibt während des betrachteten Zeitelements den Bogen MM' um M_0.

Die Krümmungsverhältnisse der Hüllkurve und der Hüllbahn gestalten sich ganz analog wie jene der Polbahnen. Die Geraden PC und $P'C'$ sind zwei Normalen in den unendlich benachbarten Punkten C und C' von b, der Schnitt B_0 ist der Krümmungsmittelpunkt der Hüllbahn in C. Verschiebt man $\alpha'\alpha'$ mit der Normalen $P'C'$ in die Ausgangsstellung $\alpha\,\alpha$ zurück, so fällt $P'C'$ in die Richtung der mit γ

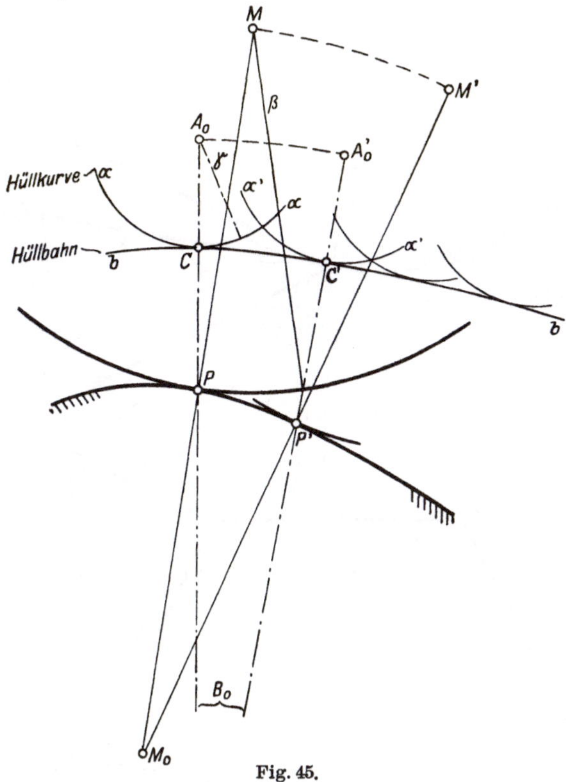

Fig. 45.

bezeichneten Geraden. Der Schnitt von γ mit PC ist A_0, der Krümmungsmittelpunkt der Hüllkurve in C. Während der Bewegung beschreibt A_0 das Element A_0A_0' des Kreises um B_0. Der Krümmungsmittelpunkt B_0 der Hüllbahn in C ist somit gleichzeitig der Krümmungsmittelpunkt der Bahn des Krümmungsmittelpunktes A_0 der Hüllkurve in C. Die Bestimmung des Krümmungsmittelpunktes der Hüllbahn ist damit auf die Ermittlung der Krümmung einer Punktbahn zurückgeführt.

Beispiele.

a) **Konstruktion des Wendekreises am Kurbelgetriebe.** Von dem Kurbelgetriebe $ABCD$ in Fig. 46, bestehend aus den Systemen S_0, S_1, S_2 und S_3, soll für S_2 der Wendekreis aufgesucht werden. Im Schnitt von AB und DC liegt der Pol P. Die Winkelgeschwindigkeit um P oder den Winkel ϑ nehme man beliebig an und konstruiere sich die Geschwindigkeiten v_B und v_C. Verbindet man den Endpunkt von v_B mit A, so schneidet diese Gerade auf dem Lot

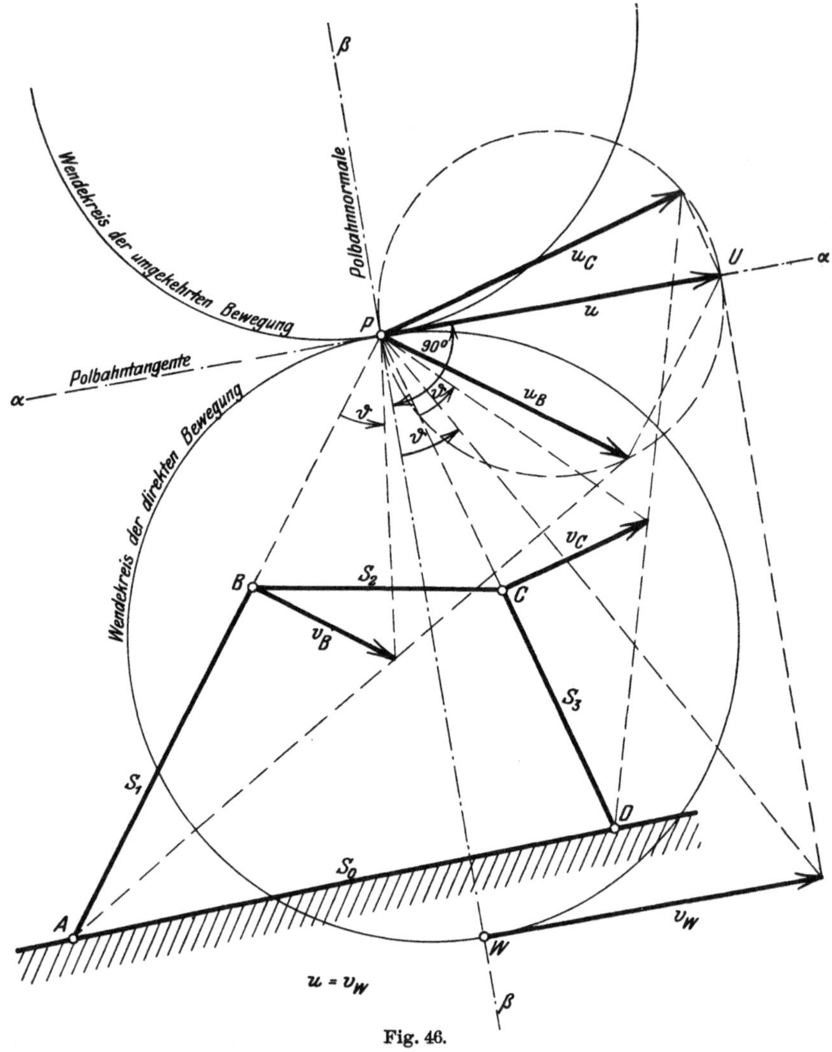

Fig. 46.

zu AB in P die Komponente u_B der Polwechselgeschwindigkeit u ab, in gleicher Weise ist u_C gefunden. Aus u_B und u_C ergibt sich u. Die Senkrechte $\beta\beta$ zu u in P ist die Polbahnnormale oder der Hauptstrahl, auf dem der Wendepol W gelegen sein muß, dessen Geschwindigkeit $v_W = u$. Trägt man sich in P eine unter Winkel ϑ zu $\beta\beta$ geneigte Gerade an und bringt diese zum Schnitt mit der Parallelen zu β in U, so ist die Projektion dieses Schnittes auf β der Wendepol W. Der Kreis über PW ist der Wendekreis. Bei der Umkehrung der Bewegung (S_2 ruhend, S_0 beweglich) liegt der neue Wendekreis symmetrisch zum ersten jenseits der Polbahntangente α.

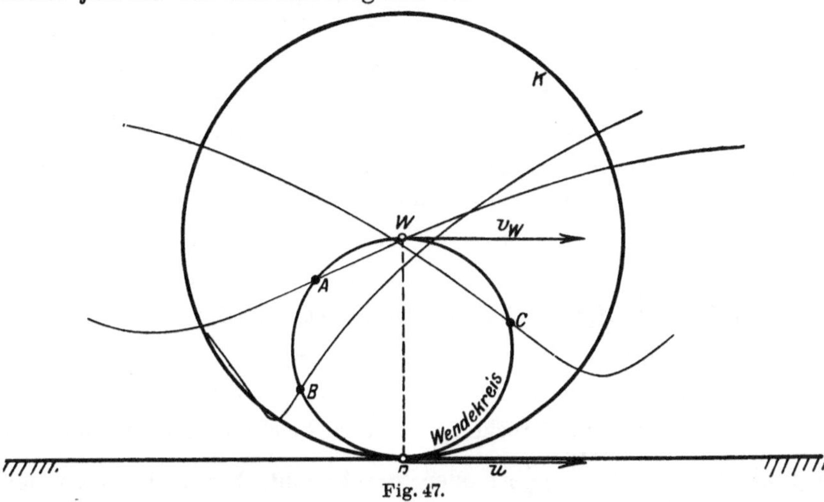

Fig. 47.

b) **Das Rad K rolle auf einer festen Schiene (Fig. 47).**

Der Mittelpunkt W ist direkt der Wendepol $v_W = u$. PW ist der Durchmesser des Wendekreises. In Fig. 47 sind für drei Systempunkte A, B und C die Bahnkurven gezeichnet, welche in A, B und C ihre Krümmung wechseln.

§ 19. Vereinfachung der Konstruktion des Krümmungsmittelpunktes vermittels des Wendekreises.

Von einem bewegten System sei der Pol und der Wendekreis mit dem Durchmesser D bekannt. Zu ermitteln ist der Krümmungsmittelpunkt A_0 von A (Fig. 48). Der Winkel, welchen die Gerade AP mit der Polbahntangente bildet, sei α. Der Schnitt von AP mit dem Wendekreis ist mit W' bezeichnet.

Nach der Gleichung von Savary ist

$$\frac{1}{r} + \frac{1}{r_0} = \frac{1}{D \sin \alpha} = \frac{1}{PW'} ,$$

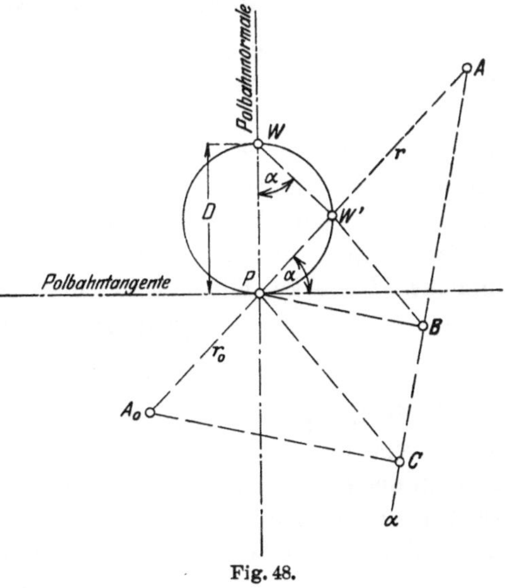

Fig. 48.

worin $AP = r$ und $A_0P = r_0$ oder

$$\frac{r + r_0}{r} = \frac{r_0}{PW'}.$$

Aus dieser Gleichung ergibt sich folgende einfache Konstruktion des Krümmungsmittelpunktes A_0. Man nehme irgendwo auf dem Zeichenblatt einen Punkt B an und verbinde ihn mit A, W' und P, alsdann ziehe man die Parallele zu $W'B$ durch P bis zum Schnitt C mit AB, durch C lege man wiederum die Parallele zu BP, sie schneidet AP im Krümmungsmittelpunkt A_0. Aus der Ähnlichkeit der Dreiecke A_0AC und PAB folgt

$$\frac{r + r_0}{r} = \frac{A_0C}{PB}.$$

Da auch Dreieck A_0CP ähnlich PBW' ist, so ist

$$\frac{A_0C}{PB} = \frac{r_0}{PW'}, \qquad \text{somit} \qquad \frac{r + r_0}{r} = \frac{r_0}{PW'}.$$

Man kann sich die Strecke r_0 aus der Gleichung auch rechnerisch bestimmen: $r_0 = \dfrac{PW' \cdot r}{r - PW'}$, oder in sehr einfacher Weise auch mit Hilfe des Sehnensatzes konstruieren, indem man sich in einen beliebig angenommenen Kreis die Sehne $PW' + r$ einträgt, im Abstande r von dem einen Sehnenendpunkt mit $r - PW'$ einen zweiten Kreis schlägt und von einem der Schnittpunkte beider Kreise durch den Teilpunkt der ersten Sehne eine zweite zieht, deren zweiter Abschnitt r_0 ist.

§ 20. Der Satz von Bobillier.

Von dem bewegten System S_1 möge der momentane Pol P und der Wendekreis in Fig. 49 gegeben sein. Die Krümmungsmittelpunkte A_0 und D_0 zweier beliebiger Punkte A und D sind zu ermitteln. In Fig. 48 ist der Hilfspunkt B willkürlich angenommen, man wähle ihn in Fig. 49 derart, daß die Gerade AB durch D geht, und daß W'', der Punkt, in welchem der Wendekreis von der Geraden PD getroffen wird, auf $W'B$ liegt. Alsdann zeichne man genau wie in Fig. 48 die beiden ähnlichen Dreiecke, mit welchen man A_0 und D_0 findet,

$$\triangle PW'B \sim \triangle A_0PC,$$
$$\triangle PW''B \sim \triangle D_0PC.$$

Da $W'W''$ parallel PC ist, so ist der Bogen $W''W'''$ (W''' ist der Schnitt von PC mit dem Wendekreis) gleich dem Bogen $W'P$, mithin ist auch der Peripheriewinkel $W''PW'''$ gleich dem Tangentialwinkel α, welchen die Gerade AP mit der Polbahntangente bildet. Die Gleichheit dieser beiden Winkel spricht der Bobilliersche Satz aus. Der

Winkel zwischen Polbahntangente und einem Polstrahl AP ist gleich dem Winkel zwischen einem zweiten Polstrahl DP und der Kollineationsachse der Systempunkte A und D (Gerade PC heißt Kollineationsachse, C Kollineationszentrum). Ist der Krümmungsmittelpunkt A_0 eines Punktes A gegeben, so ermöglicht der Bobilliersche Satz in sehr einfacher Weise die Krümmungsmittelpunkte weiterer Punkte zu finden. Es soll z. B. D_0 ermittelt werden, wenn außer P und der Polbahntangente A, A_0 und D gegeben sind. Man trägt sich den Winkel α

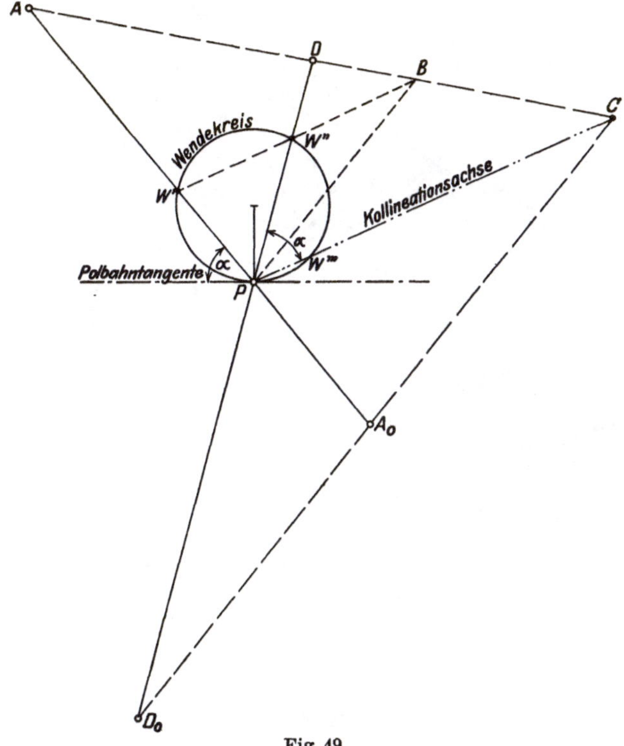

Fig. 49.

an PD an und findet im zweiten Schenkel die Kollineationsachse, deren Schnitt mit AD gibt das Kollineationszentrum C. CA_0 schneidet PD im Krümmungsmittelpunkt D_0. Beim Antragen des Winkels α ist darauf zu achten, daß dies im richtigen Sinn erfolgt. Wie aus Fig. 49 ersichtlich, muß man sich die beiden Polstrahlen um den Winkel α in entgegengesetztem Sinn gedreht denken, bis sie mit der Richtung der Polbahntangente resp. der Kollineationsachse zusammenfallen.

Wie an Hand der Fig. 45 gezeigt wurde, lassen sich die Krümmungsverhältnisse der Hüllbahnen finden durch Bestimmung der Krümmung von Bahnen bestimmter Systempunkte. Man benutzt dazu wieder

mit Vorteil den **Bobillier**schen Satz. In Fig. 50 seien die Hüllkurven
a und d, die entsprechenden Hüllbahnen b und e, sowie die Krümmungsmittelpunkte A und D, resp. A_0 und D_0 der Hüllkurven und Hüllbahnen
des bewegten Systems S_1 vorgegeben. A_0 und D_0 sind, wie in § 18
nachgewiesen wurde, auch die Krümmungsmittelpunkte der Wege der
Systempunkte A und D. Ferner ist der Krümmungsmittelpunkt F
einer dritten Hüllkurve f bekannt, die Krümmung der zu f gehörigen
Hüllbahn in dem augenblicklichen Berührpunkt ist zu finden. Der

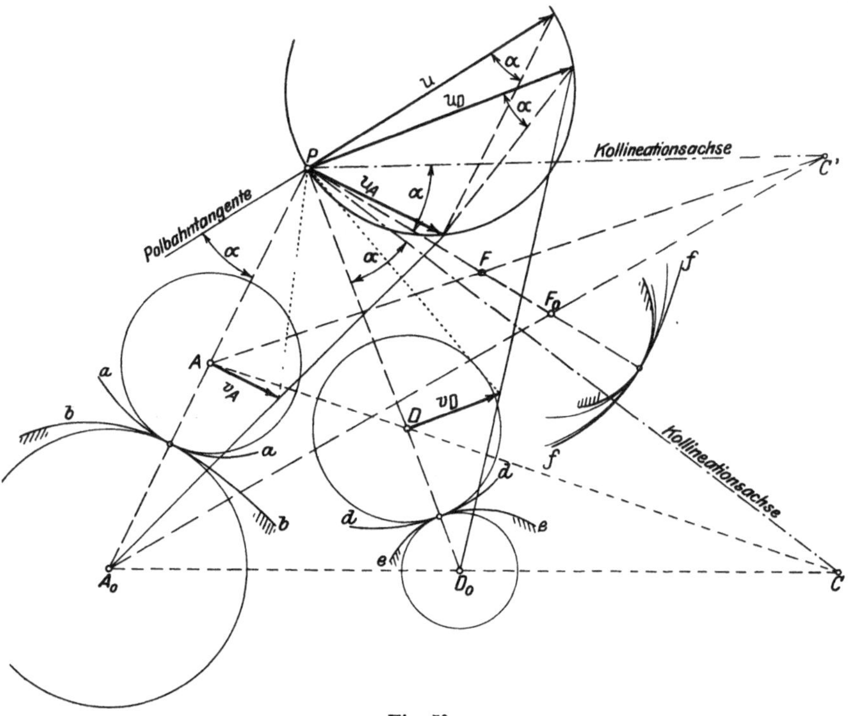

Fig. 50.

momentane Pol P ist der Schnitt der Normalen AA_0 und DD_0. Die
Winkelgeschwindigkeit um den Pol ist beliebig angenommen, und
mit ihr sind die Geschwindigkeiten v_A und v_D, sowie die Komponenten
u_A und u_D der Polwechselgeschwindigkeit u in Richtung von v_A und v_D
und u selbst ermittelt. Trägt man sich den Winkel α zwischen Polbahntangente und AP mit P als Scheitelpunkt an PD an, so ist
der zweite Schenkel die Kollineationsachse der Punkte A und D. Die
Kollineationsachse und die beiden Geraden AD und $A_0 D_0$ müssen sich,
wenn richtig gezeichnet ist, im Kollineationszentrum treffen. Trägt
man sich den Winkel α an PF an, so findet man die Kollineationsachse
zwischen A und F, diese schneidet AF im Zentrum C', das mit A

verbunden im Schnitt F_0 von A_0C' mit PF, den gesuchten Krümmungsmittelpunkt liefert.

Zur Konstruktion der Polwechselgeschwindigkeit u ist noch zu bemerken, daß der Winkel α im Kreis über u als Peripheriewinkel über Sehne u_A erscheint.

Beispiele.

a) **Konstruktion des Krümmungsradius bei Zykloiden mit Hilfe des Bobillierschen Satzes.**

In Fig. 51 rolle Kreis K auf K_0. Der momentane Berührpunkt beider ist der Pol P. Es soll der Krümmungsmittelpunkt A_0 der von A beschriebenen Zykloiden in A bestimmt werden. Der zum Mittelpunkt M des Kreises K gehörige Krümmungsmittelpunkt ist M_0. MM_0 bildet mit der Polbahntangente den Winkel von $90° = \alpha$. Die Kollineationsachse steht daher senkrecht auf AP, sie schneidet AM im Zentrum Q. Der Schnitt zwischen M_0Q und AP ist A_0.

Liegt der Punkt A auf K selbst, so ergibt sich aus Fig. 52, daß Q diametral zu A ebenfalls auf Kreis K gelegen ist, weil Winkel $APQ = 90°$ ist. Im übrigen ist die Konstruktion genau wie in Fig. 51. Bei Zykloidenverzahnungen sucht

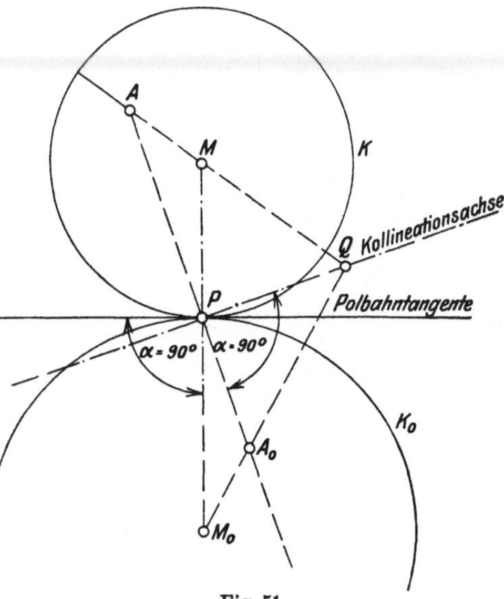

Fig. 51.

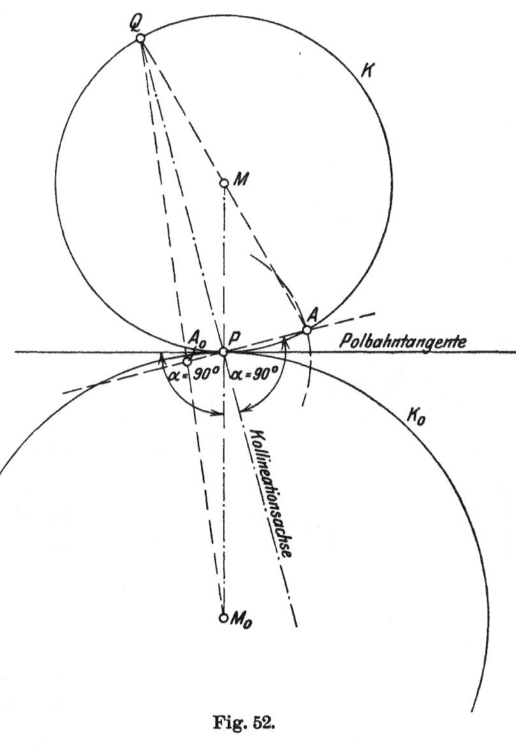

Fig. 52.

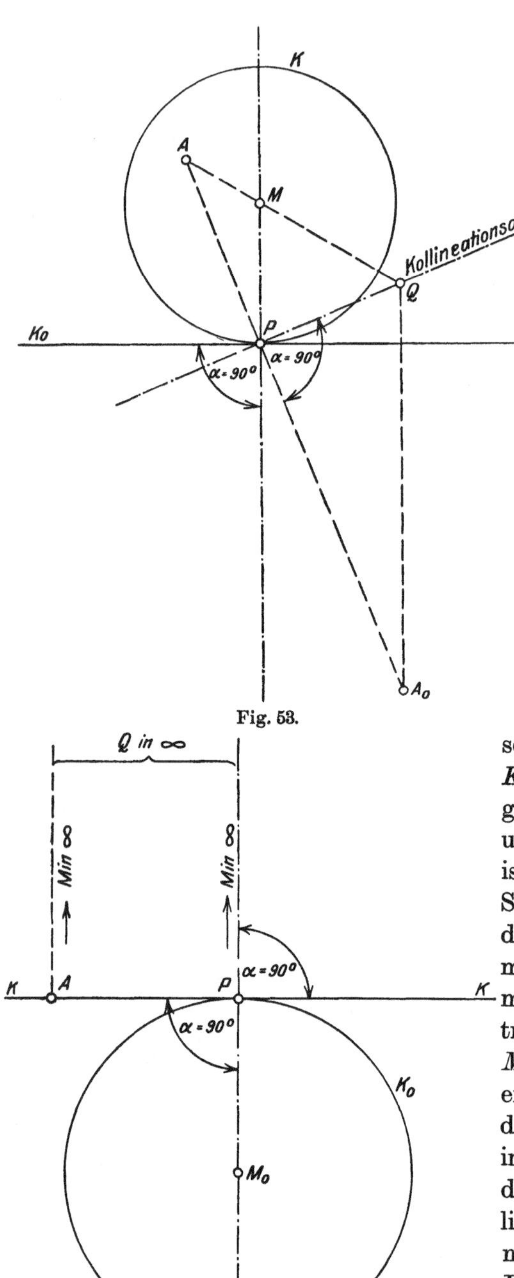

Fig. 53.

Fig. 54.

man sich den Krümmungsmittelpunkt auf, wenn es darauf ankommt, die von A beschriebene Zykloide mit größtmöglicher Annäherung durch einen Kreisbogen zu ersetzen.

Fig. 53 gibt nochmals dieselbe Konstruktion für den Fall, daß K_0 in eine Gerade übergegangen ist. M_0 liegt im Unendlichen senkrecht zu K_0. Die Verbindungslinie QM_0 ist eine Senkrechte zu K_0.

b) Der Krümmungsradius von Kreisevolventen.

Die Gerade K rolle auf dem Kreis K_0 (Fig. 54). Ein Punkt A auf K beschreibt die Evolvente, deren Krümmungsmittelpunkt A_0 in A zu suchen ist. Man gehe in genau derselben Weise vor wie in Fig. 51. KK ist zugleich die Polbahntangente. α ist der Winkel zwischen K und $PM_0 = 90°$. Dieser Winkel ist an AP anzutragen mit P als Scheitel, der zweite Schenkel ist die Kollineationsachse, sie fällt mit der Polbahnnormalen zusammen. Um das Kollineationszentrum Q zu finden, hat man A mit M zu verbinden. Da M im Unendlichen liegt, ist diese Verbindungslinie eine Senkrechte zu K in A, diese schneidet PM_0 in Q, der Punkt Q liegt ebenfalls unendlich fern. Der Schnitt A_0 von M_0Q mit AP fällt mit P zusammen. Der Pol P ist der Krümmungsmittelpunkt für alle Evolventen, welche von Punkten auf der Geraden K beschrieben werden.

D. Behandlung einzelner Probleme.

§ 21. Kardanisches Problem.

Im ruhenden System S_0 (Fig. 55) sind zwei Gerade α und β, die den Winkel γ miteinander bilden, gegeben. Die Bewegung des Systems S_1 ist dadurch bestimmt, daß die Endpunkte der in S_1 gezeichnetenStrecke AB von der Länge l immer auf α bzw. β sich bewegen sollen.

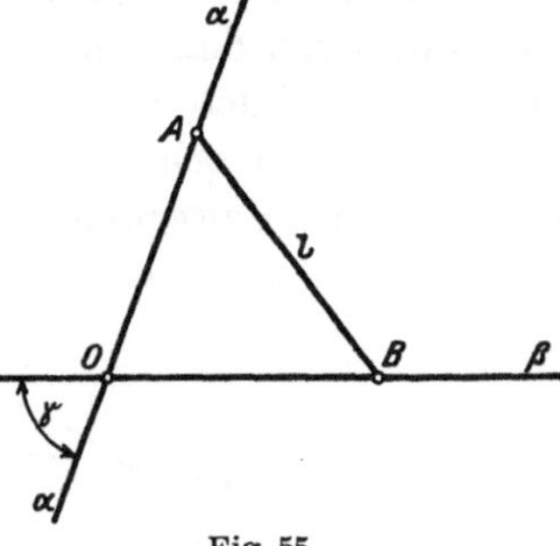

Fig. 55.

Pol und Polbahnen.

Der momentane Pol P (Fig. 56) ist der Schnitt der beiden Normalen zu α und β in A und B. Nimmt man die Winkelgeschwindigkeit ω der Drehung um P an, so ist

$$v_A = AP\,\omega = r_A \cdot \omega\,,$$

$$v_B = BP\,\omega = r_B \cdot \omega\,.$$

Da in dem Viereck $OAPB$ die beiden gegenüberliegenden Winkel bei A und B je $90°$ sind, so ist $OAPB$ ein Kreisviereck. OP ist der Durchmesser des umschriebenen Kreises K. Nun sind der Peripheriewinkel γ und die Sehne $AB = l$ für jede beliebige Lage des bewegten Systems S_1 konstant, der Kreis K behält für jede spätere Lage dieselbe Größe, Pol P gleitet bei der Weiterbewegung auf K. Kreis K ist die Gangpolbahn des bewegten Systems S_1. Da OP immer dieselbe Größe behält, so ist der Weg von P in S_0 der Kreis K_0 um O. K_0 ist die Rastpolbahn.

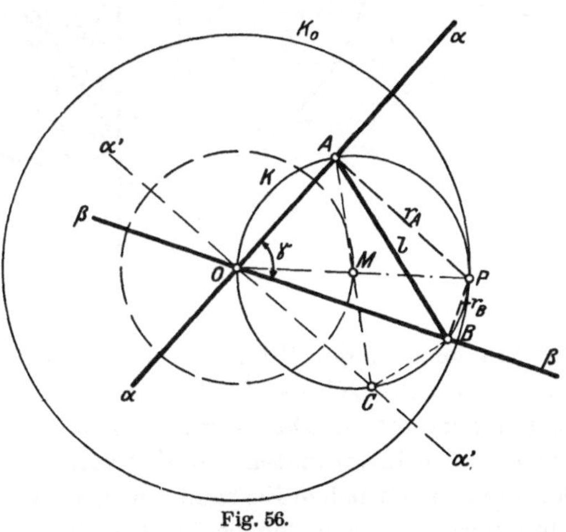

Fig. 56.

Die Bewegung besteht also im Rollen eines Kreises K in einem anderen Kreis K_0, dessen Radius ebenso groß ist wie der Durchmesser von K. Der Durchmesser der Gangpolbahn ist gleich $\dfrac{AB}{\sin\gamma} = \dfrac{l}{\sin\gamma}$. Man zeichne sich Durchmesser AC durch den Mittelpunkt M von K. Winkel $ACB = \gamma$, da beide Winkel über demselben Bogen AB stehen. Aus Dreieck ACB erkennt man sofort, daß

$$AC = \frac{AB}{\sin\gamma} = \frac{l}{\sin\gamma}\,.$$

Bei der Bewegung von S_1 beschreibt jeder Punkt auf K eine durch O gehende Gerade. C gleitet beispielsweise längs $\alpha'\alpha'$, man könnte die Bewegung auch dadurch festlegen, daß man die Punkte A und C der Stange AC auf den Schenkeln des Winkels AOC gleiten ließe.

Die Bahnen beliebiger Systempunkte von S_1 sind Ellipsen. Man denke sich die Bewegung der Stange AB in Fig. 56 ersetzt durch jene

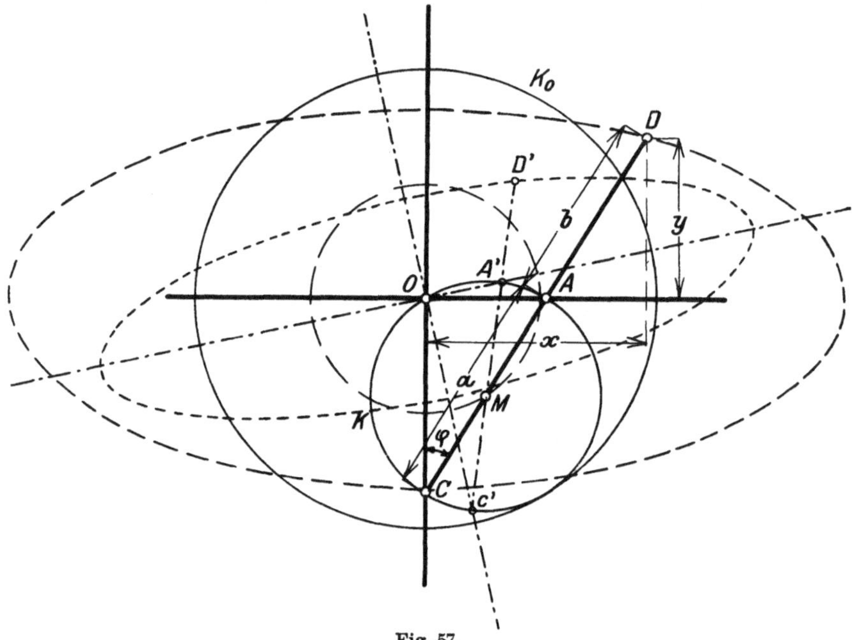

Fig. 57.

der Stange AC, der Winkel γ wird dann $90°$. In Fig. 57 ist OA als die Abszissen-, OC als die Ordinatenachse eines Koordinatensystems $x,\ y$ angenommen. Der Weg eines beliebigen Punktes D auf AC sei zu suchen. Die Koordinaten x und y von D bestimmen sich mit den aus der Figur ersichtlichen Bezeichnungen zu $x = (a + b)\sin\varphi$; $y = b\cos\varphi$. Eliminiert man aus den beiden Gleichungen den Winkel φ, so erhält man die Gleichung der Bahnkurve von D

$$x = (a + b)\cdot\sqrt{1 - \frac{y^2}{b^2}}\,; \qquad \frac{x^2}{(a + b)^2} + \frac{y^2}{b^2} = 1\,.$$

Dies ist eine Ellipse mit den Halbachsen $a + b$ und b. Für den Mittelpunkt M der Strecke AB geht die Ellipse über in den Kreis um O

mit dem Radius OM. Irgendein beliebiger Punkt D' von S_1 beschreibt ebenfalls eine Ellipse. Man überzeugt sich davon leicht, wenn man sich die Bewegung jetzt dadurch entstanden denkt, daß Stange $A'C'$ (Fig. 57) auf den Schenkeln des rechten Winkels $A'OC'$ gleitet.

Die Tangenten der Punktbahnen.

Um in irgendeinem Punkt der Bahn des Punktes D (Fig. 58) die Tangente an diese zu konstruieren, zeichne man sich die augenblickliche Lage DAB des bewegten Systems und suche den momentanen Pol P. PD ist die Punktbahnnormale, die Senk-

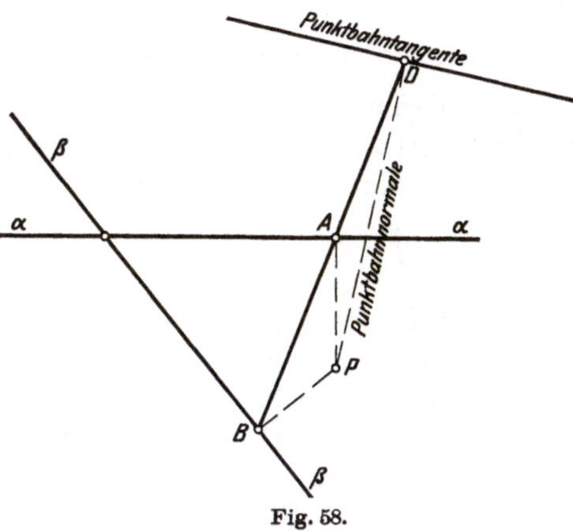

Fig. 58.

rechte hierzu in D die Punktbahntangente, zugleich Richtung der Geschwindigkeit v_D.

Die Krümmungsverhältnisse beim Kardanischen Problem.

Da, wie bereits nachgewiesen, jeder Punkt des Umfanges des rollenden Kreises K eine Gerade als Bahn beschreibt, so ist K selbst der

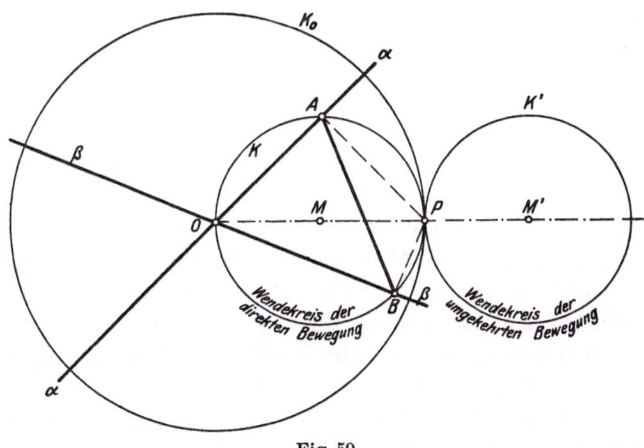

Fig. 59.

Wendekreis (Fig. 59), er hat für jede beliebige Lage des Systems S_1 dieselbe Größe. Der Mittelpunkt M' des Wendekreises K' für die umgekehrte Bewegung liegt auf OP. $MP = M'P$.

Die Krümmungsmittelpunkte der von Punkten des bewegten Systems beschriebenen Ellipsen können sowohl nach der Methode von Hartmann wie mit Hilfe des Bobillierschen Satzes konstruiert werden.

Konstruktion nach dem Verfahren von Hartmann.

Der Krümmungsmittelpunkt D_0 des Punktes D auf Stange AB in Fig. 60 sei zu ermitteln. Man bestimme zunächst die Geschwindigkeit v_M des Mittelpunktes M der Gangpolbahn. Den Winkel ϑ oder

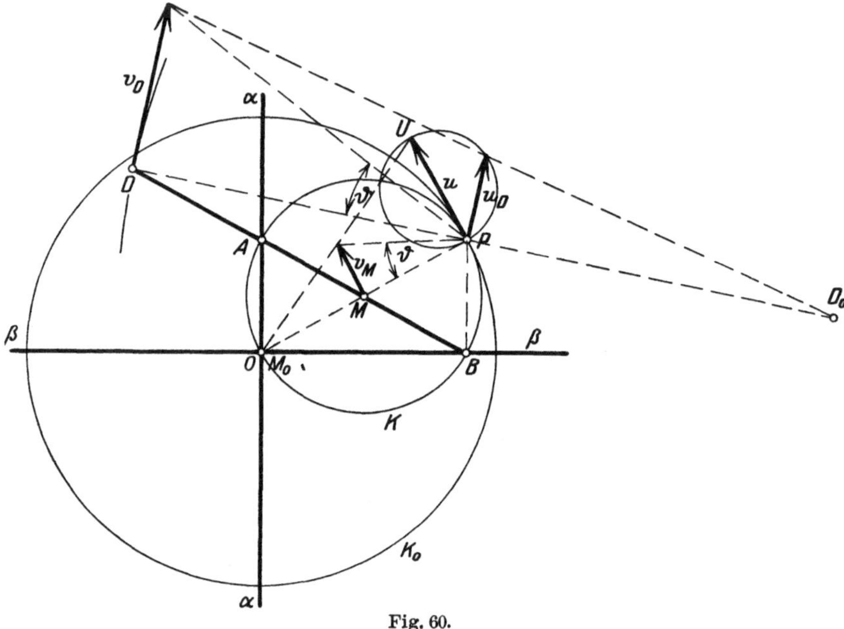

Fig. 60.

die Winkelgeschwindigkeit der Drehung um den Pol P nehme man beliebig an. Die Polwechselgeschwindigkeit u bekommt man, indem man den Endpunkt von v_M mit dem Krümmungsmittelpunkt der Rastpolbahn M_0 (M_0 fällt mit O zusammen) verbindet und diese Gerade mit der Polbahntangente in U zum Schnitt bringt, $PU = u$. Man suche nun die Geschwindigkeit v_D auf, $v_D = PD \, \mathrm{tg}\,\vartheta$, und die zu v_D parallele Komponente u_D von u. Die Verbindungslinie der Endpunkte von v_D und u_D schneidet die Gerade PD in D_0.

In Fig. 61 ist die gleiche Konstruktion vorgenommen für den Fall, daß D innerhalb von A und B auf Stange AB gelegen ist.

Konstruktion mittels des Bobillierschen Satzes.

Bei der Anwendung des Bobillierschen Satzes ist die Kenntnis des Krümmungsmittelpunktes eines Punktes des bewegten Systems erforderlich. Als solcher Punkt kommt hier der Mittelpunkt M des rollenden Kreises in Betracht, dessen Krümmungsmittelpunkt M_0 ist (Fig. 62). Um D_0 zu finden, sucht man sich zuerst die Kollineationsachse zwischen D und M auf, durch Antragen des Winkels α zwischen PD und der Polbahntangente t an PM. Im Schnitt Q der Kollineationsachse mit MD liegt das Kollineationszentrum, das mit M_0 zu verbinden ist. M_0Q trifft PD in D_0. Das Verfahren versagt, wenn D sich gerade im Scheitel der von dem Punkt beschriebenen Ellipse befindet und AB in die Richtung von α oder β zu liegen kommt. Da man von vornherein auch weiß, daß der Krümmungsmittelpunkt A_0 von A im Unendlichen senkrecht zu α gelegen ist, so kann man auch A (oder B) zum Ausgangspunkt wählen, man findet dann eine zweite Kollineationsachse PQ' zwischen A und D. D_0 ist der Schnitt der Senkrechten zu α durch Q' mit PD.

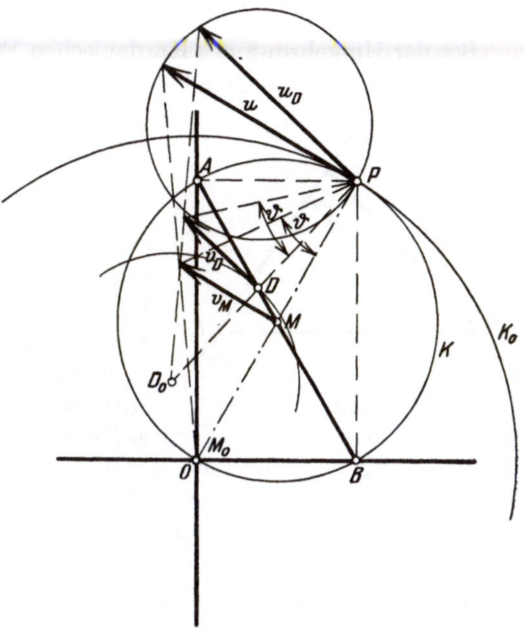

Fig. 61.

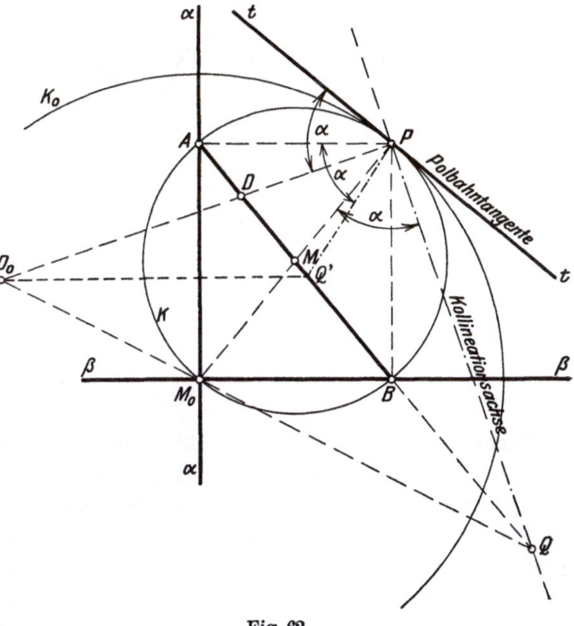

Fig. 62.

§ 22. Die Umkehrung des Kardanischen Problems.

Bei der Umkehrung des Kardanischen Problems ist die Stange AB ruhend zu denken, die Geraden α und β, welche unter dem Winkel γ fest miteinander verbunden sind, stellen das bewegte System S_1 dar (Fig. 63).

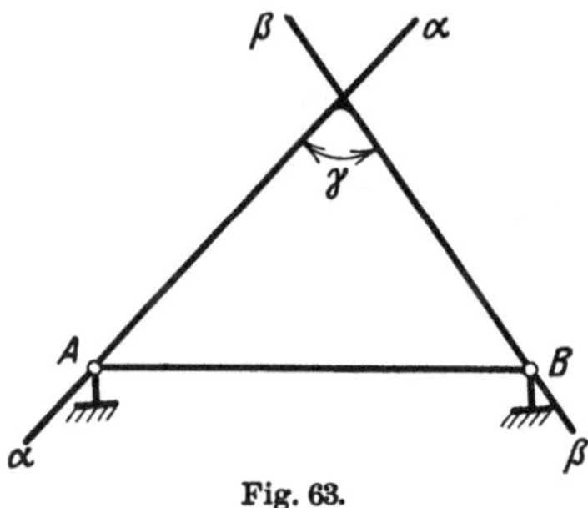

Die Punkte A und B sind die Gleitpunkte von α und β. Die Lote auf den Geraden α und β in A und B schneiden sich wie beim Kardanischen Problem im momentanen Pol. Der Kreis K_0 über OP ist jetzt die Rastpolbahn, während Kreis K mit dem Mittelpunkt M in O und dem Radius MP die Gangpolbahn darstellt (Fig. 64).

Fig. 63.

Man kann sich auch hier die Bewegung dadurch entstanden denken, daß die Schenkel des rechten Winkels AMC ($\gamma\,\gamma$ senkrecht zu $\alpha\,\alpha$ gezogen) durch die festen Punkte A und C gleiten.

Die Bahnen, welche Punkte von S_1 bei der vorliegenden Bewegung beschreiben, heißen Kardioiden (Kardioidenproblem). Über

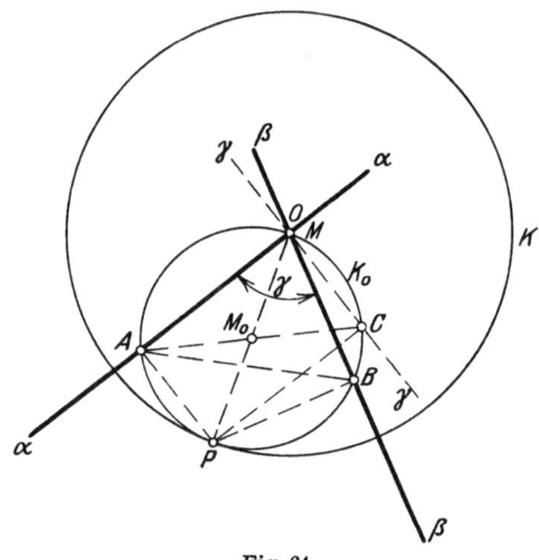

Fig. 64.

die Form der Bahnen gibt Fig. 65 Aufschluß, wo für die drei Systempunkte C, D und E die Kardioiden gezeichnet sind. Wie schon bei der Behandlung des Kardanischen Problems gezeigt wurde, ist der Wendekreis beim Kardioidenproblem der Kreis K' (Fig. 65). Der Systempunkt E ist auf K' angenommen, man sieht aus der Figur deutlich, daß E in dem betrachteten Augenblick einen Wendepunkt seiner Bahn durchläuft.

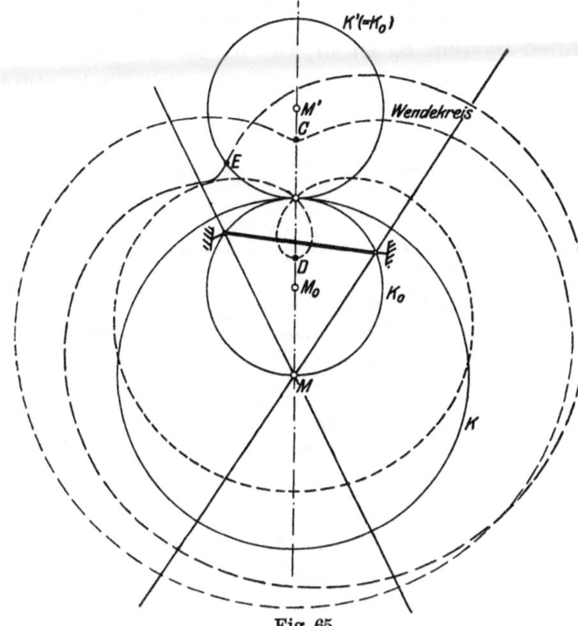

Fig. 65.

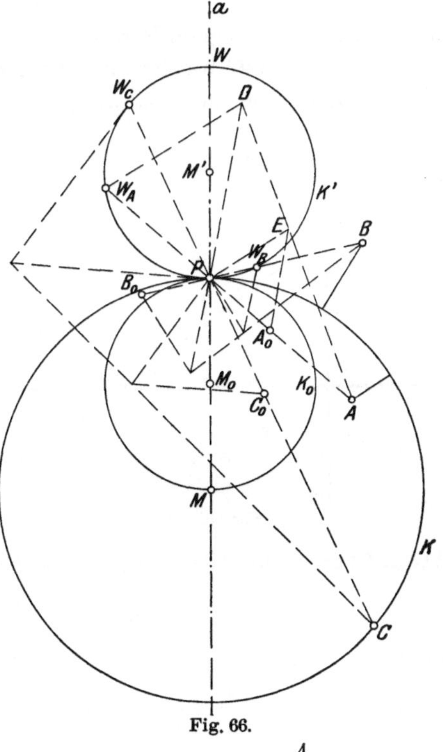

Fig. 66.

Da der Wendekreis bereits bekannt ist, so lassen sich die Krümmungsmittelpunkte der Punktbahnen am einfachsten mit Hilfe der Methode der beiden ähnlichen Dreiecke ermitteln. Zu einem beliebig angenommenen Punkt A in S_1 soll der Krümmungsmittelpunkt A_0 gesucht werden. Man ziehe in Fig. 66 den Normalstrahl AP bis zum Schnittpunkt W_A mit dem Wendekreis, wähle irgendwo den Hilfspunkt D und ziehe die Verbindungslinien von D nach W_A, P und A. Konstruiert man nun durch P zu Dreieck $W_A DP$ das ähnliche Dreieck PEA_0 derart, daß E auf AD gelegen ist, so ist der dritte Eckpunkt A_0 der gesuchte Krümmungsmittelpunkt. In gleicher Weise sind B_0 und C_0 gefunden.

§ 23. Das Konchoidenproblem.

Im ruhenden System S_0 ist in Fig. 67 die Gerade α und Punkt O gegeben. Die Gerade β im bewegten System S_1 gleite stets durch O

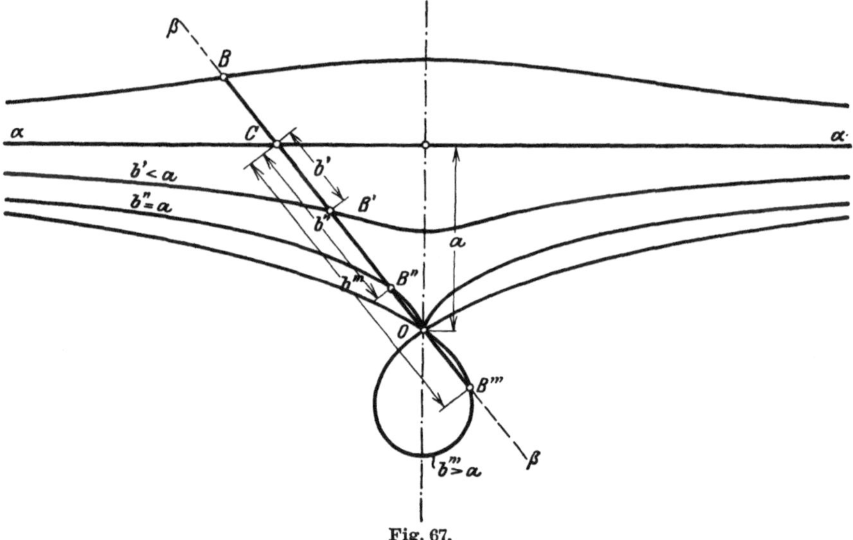

Fig. 67.

und der auf ihr gelegene Punkt C bewege sich auf α. Die Punkte B, B', B'', B''' auf OC beschreiben die Konchoiden.

Die Gleichung der Bahnkurven kann leicht ermittelt werden.

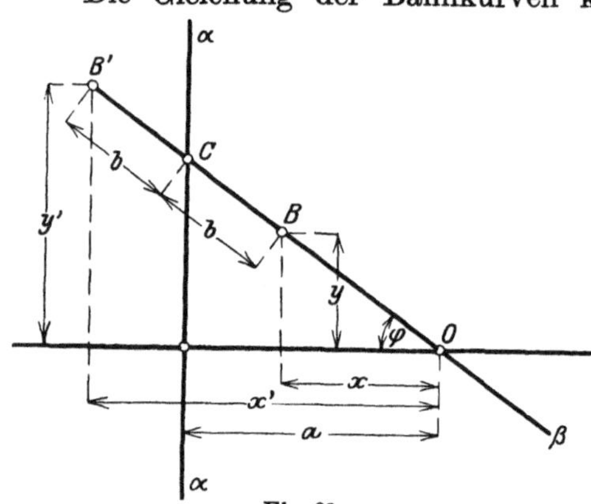

Fig. 68.

Man wähle in Fig. 68 die Koordinatenachsen durch O senkrecht und parallel α, dann ist mit den Bezeichnungen der Fig. 68

$$x = a - b\cos\varphi\,,$$
$$x' = a + b\cos\varphi$$

oder allgemein

$$x = a + b\cos\varphi\,,$$

wobei b positiv zu rechnen ist, wenn B, von O aus gesehen, jenseits von α liegt. Liegt B mit O auf derselben Seite von α, so ist b negativ einzusetzen. Weiter ist

$$\cos\varphi = \frac{x}{\sqrt{x^2 + y^2}}\,,$$

folglich

$$x = a + b\,\frac{x}{\sqrt{x^2 + y^2}} \qquad \text{oder} \qquad (x - a)^2 \cdot (x^2 + y^2) = b^2\,x^2\,.$$

Die Konchoide ist demnach eine Kurve vierten Grades. Die Gleichungen der Polbahnen ergeben sich folgendermaßen. In Fig. 69 ist der Punkt O im Abstande $OA = a$ von α und die augenblickliche Lage OC

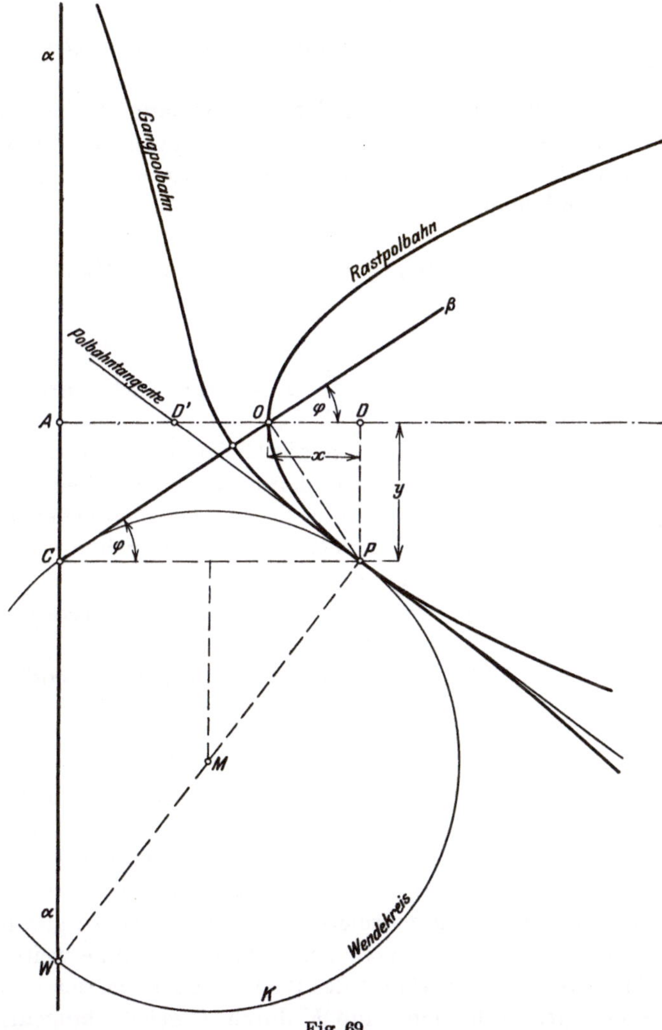

Fig. 69..

der Geraden β, die zu OA unter dem Winkel φ geneigt ist, gegeben. Da O der Gleitpunkt von β ist, so muß der momentane Pol P auf dem Lot zu β in O gelegen sein. Der Schnitt dieses Lotes mit der Senkrechten zu α in C ist P. Die Koordinaten von P als Punkt des ruhenden Systems seien x und y. $x = OD$; $y = PD$. Da die beiden Dreiecke AOC und ODP ähnlich sind, ist

$$\frac{x}{y} = \frac{AC}{OA} = \frac{y}{a}$$

oder

$$y^2 = a\,x\,.$$

Die Rastpolbahn ist somit eine Parabel mit der Achse OA und dem Scheitel O.

Zur Ermittlung der Gleichung der Gangpolbahn denke man sich das Koordinatensystem in das System S_1 verlegt derart, daß β zur x-Achse und die Senkrechte zu β in C zur y-Achse wird. Die Koordinaten von P sind dann

$$x = OC\,; \qquad y = OP; \qquad x = \frac{a}{\cos\varphi}\,; \qquad y = x\,\mathrm{tg}\,\varphi\,;$$

folglich

$$y = \frac{x^2}{a}\sqrt{1 - \frac{a^2}{x^2}} \qquad \text{oder} \qquad y^2 = \frac{x^2}{a^2}(x^2 - a^2)\,; \qquad x^4 = a^2(x^2 + y^2)\,.$$

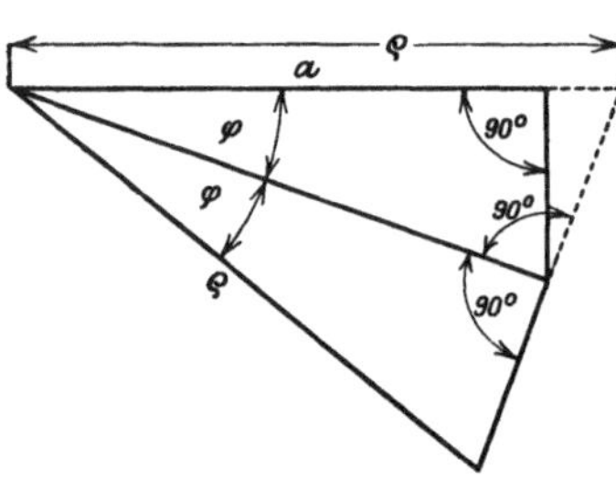

Fig. 70.

Dies ist die Gleichung der Gangpolbahn, dieselbe kann unter Zuhilfenahme von Polarkoordinaten noch einfacher geschrieben werden. Man bezeichne CP mit ϱ, dann ist

$$y = \varrho\sin\varphi, \quad x = \varrho\cos\varphi$$

oder

$$\varrho^4\cos\varphi^4 = a^2\varrho^2(\sin^2\varphi + \cos^2\varphi)\,;$$

$$\varrho = \frac{a}{\cos^2\varphi}\,.$$

Man kann also die Gangpolbahn leicht in der Weise konstruieren, daß man sich an CO einen beliebigen Winkel φ anträgt und die Strecke ϱ ermittelt, indem man aus a als Kathete und dem Winkel φ ein rechtwinkliges Dreieck zeichnet (Fig. 70) und über dessen Hypotenuse nochmals ein ähnliches Dreieck konstruiert, dessen Hypotenuse gleich ϱ ist.

Der Wendekreis K des Konchoidenproblems ist ohne weiteres angebbar. Zunächst ist C ein Punkt des Wendekreises, da sich C auf der Geraden α bewegt. Außerdem muß K durch P gehen, tangential zur Polbahntangente. Diese ist als Tangente an die Parabel sofort zu konstruieren, indem man auf OA (Fig. 69) die Strecke $OD' = OD$ macht und P mit D' verbindet. PD' ist die Richtung der Polbahntangente. Die Strecke PW des Lotes zu PD' in P ist der Durchmesser des Wendekreises.

In Fig. 71 ist zu einem auf OC beliebig angenommenen Punkt der Krümmungsmittelpunkt A_0 auf dreierlei Weise konstruiert. Bei der

Konstruktion nach Hartmann bestimmt man sich zuerst die Polwechselgeschwindigkeit $u = PU$ folgendermaßen, unter Annahme
einer beliebigen momentanen Winkelgeschwindigkeit des Systems S_1
$\omega = \mathrm{tg}\,\vartheta$ erhält man die Geschwindigkeiten v_A und v_C. Da P
immer auf der Senkrechten PC zu α gelegen ist, muß $u_C = v_C$ sein.

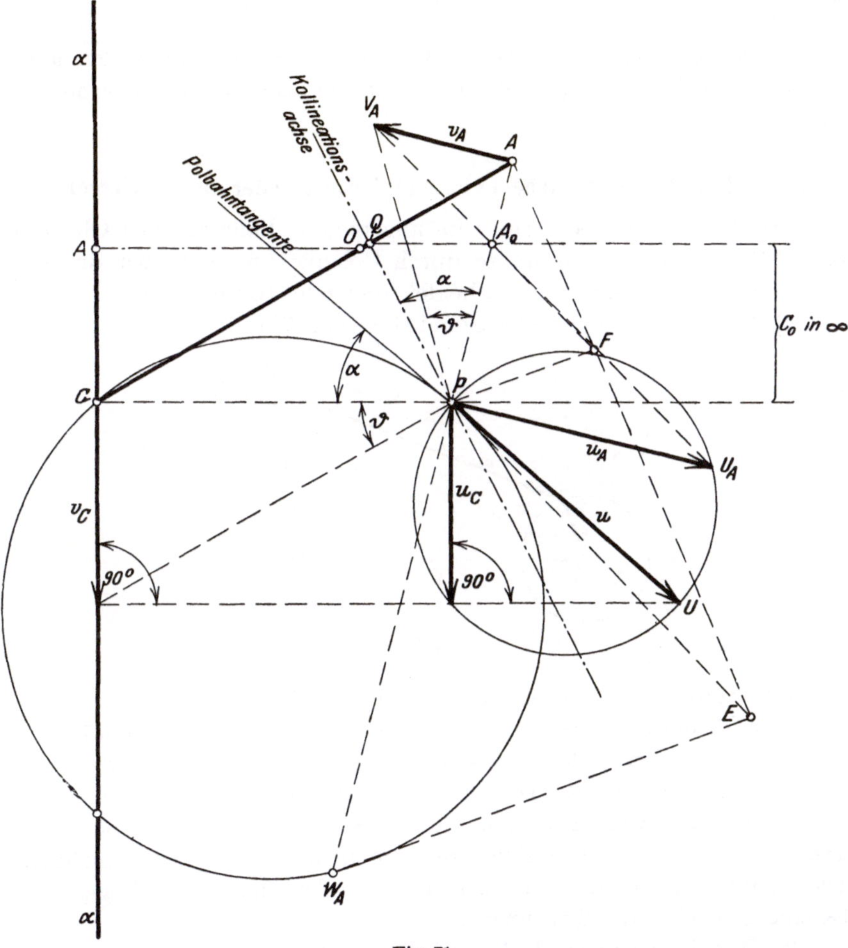

Fig. 71.

Konstruiert man über u_C als Sehne einen Kreis derart, daß sein
Mittelpunkt auf der Polbahntangente gelegen ist, so ist der Durchmesser dieses Kreises die Polwechselgeschwindigkeit u. Um nun A_0
zu finden, zeichnet man sich in dem Kreis über u die Sehne u_A
parallel zu v_A und verbindet deren Endpunkt U_A mit V_A. Diese
Verbindungslinie schneidet AP im Krümmungsmittelpunkt A_0.

Wendet man die Konstruktion von Bobillier an, so geht man von dem Punkte C aus, dessen Krümmungsmittelpunkt C_0 im Unendlichen senkrecht zu α liegt. Durch Antragen des Winkels α zwischen der Polbahntangente und PC an PA erhält man die Kollineationsachse und weiter durch Ziehen der Parallelen zu CP durch das Kollineationszentrum Q den Krümmungsmittelpunkt A_0 des Bahnelementes von A.

A_0 kann auch mit Hilfe des Wendekreises und der beiden ähnlichen Dreiecke PEW_A und A_0FP in bekannter Weise ermittelt werden.

§ 24. Das Kurbelgetriebe (Vierzylinderkette oder Gelenkviereck).

Das Kurbelgetriebe besteht im allgemeinen Falle aus vier Gliedern oder Stäben, deren Endpunkte durch Gelenke untereinander drehbar verbunden sind. Man unterscheidet folgende Hauptarten:

a) Das Schwingkurbelgetriebe (Fig. 72).

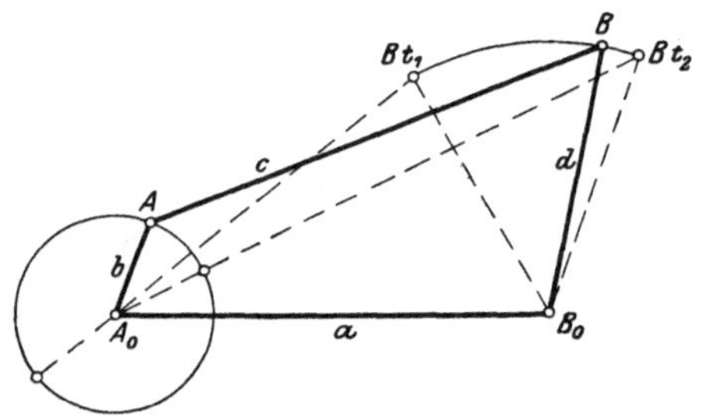

Fig. 72.

Der Stab $A_0B_0 = a$ ist das ruhende System. Die Größenverhältnisse der Glieder des Kurbelgetriebes sind derart, daß Gelenk A während der Bewegung den vollen Kreis um A_0 beschreibt, während der Arm $d = BB_0$ um B_0 schwingt. Die Endpunkte des Schwingungsbogens von d findet man dadurch, daß man um A_0 Kreise mit den Radien $c - b$ und $c + b$ schlägt, welche den Kreis um B_0 in Bt_1 und Bt_2 schneiden. Diese Endstellungen des Gelenkes B, sowie die zugehörigen Lagen von Gelenk A heißen die Totpunkte.

b) Das Doppelkurbelgetriebe.

Die Arme A_0A und B_0B beschreiben beide volle Kreise. In Fig. 73 ist das Kurbelgetriebe in vier verschiedenen Lagen gezeichnet.

c) Das Doppelschwingkurbelgetriebe.

Hier vollführen beide Arme nur Schwingungen zwischen ihren Totlagen. Diese werden erhalten, indem man um B_0 Kreise mit den Radien $B_0B'' = d + c$ und $B_0B' = d - c$ bis zu den Schnittpunkten mit dem durch A um A_0 beschriebenen Kreis schlägt (Fig. 74).

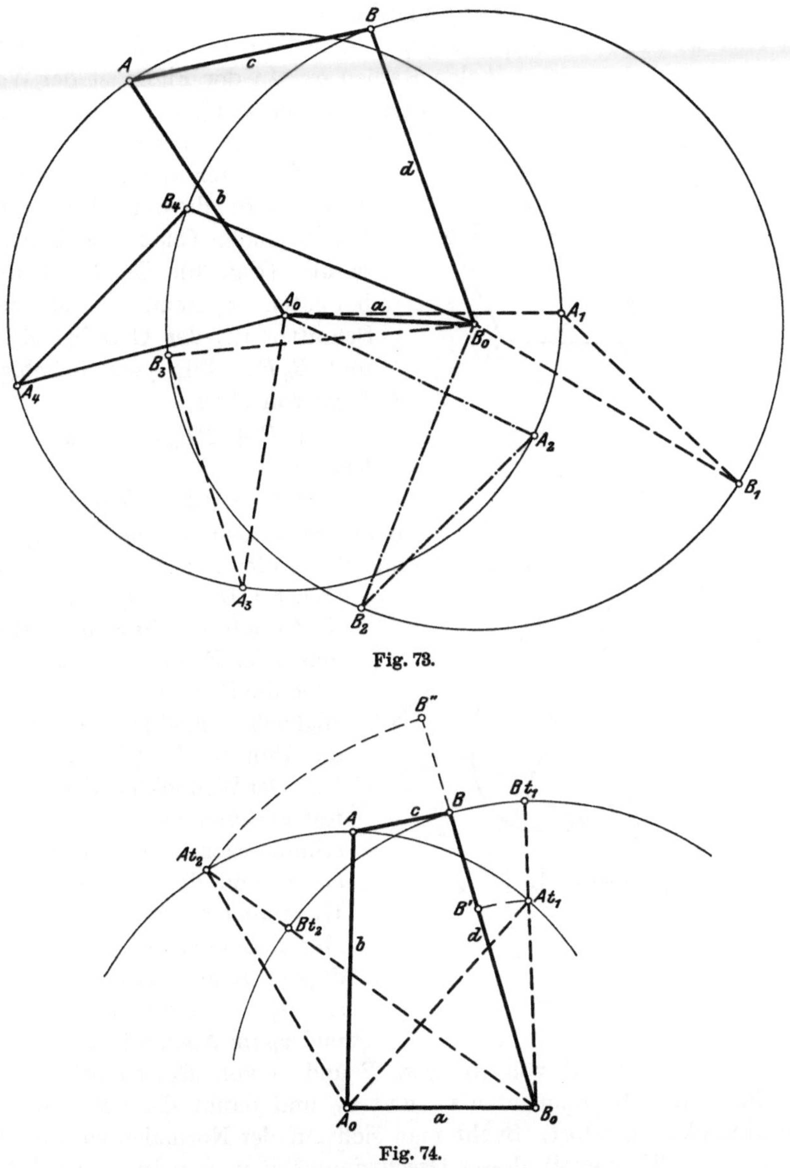

Fig. 73.

Fig. 74.

§ 25. Spezielle Fälle des Kurbelgetriebes.

Es gibt eine ganze Reihe besonderer Kurbelgetriebe, von denen einige hier erwähnt sein sollen, für einzelne Getriebe soll auch die Konstruktion der Polbahnen, des Wendekreises und der Krümmungsmittelpunkte gezeigt werden.

a) Das Parallelkurbelgetriebe.

Hier ist $a \parallel c$ und $b \parallel d$ (Fig. 75). Die Bahnen sämtlicher Punkte in System c sind Kreise mit den Radien b. In der Figur ist der Weg des Punktes C — der Kreis um den Mittelpunkt C_0 — eingezeichnet.

b) Das gleichläufige Zwillingskurbelgetriebe.

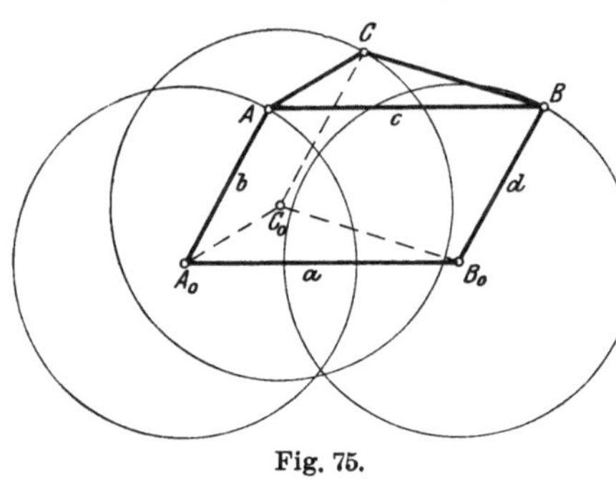

Fig. 75.

Wie unter a) ist $a = c$ und $b = d$ $(a < b)$, die einander gegenüberliegenden Glieder sind nicht parallel (Fig. 76). Der Pol P des bewegten Systems C ist der Schnittpunkt der Geraden $A_0 A$ und $B_0 B$. Für jede beliebige Lage von C ist

$$A_0 P + P B_0 = b = d \, .$$

Ebenso

$$BP + PA = b = d \, .$$

Bei der Bewegung beschreibt P somit im ruhenden und bewegten System gleiche Ellipsen E und E_1 mit der Fadenlänge b. Die große Achse $CD = C_1 D_1 = b$. Da die Gerade PQ die Symmetrieachse der Figur ist, so ist PQ auch die Polbahntangente und zugleich Kollineationsachse der Punkte A und B.

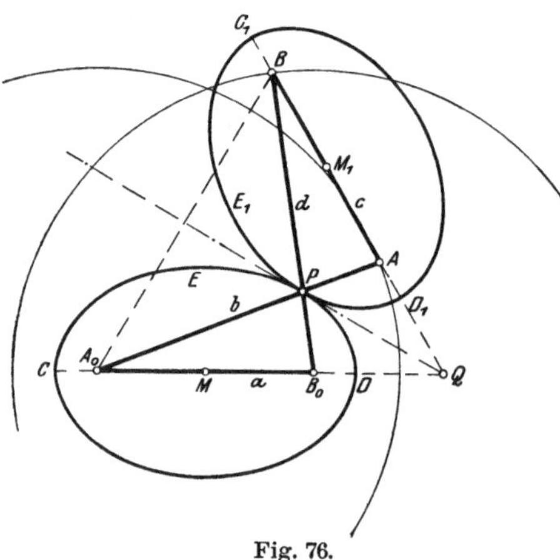

Fig. 76.

Der Wendekreis des mit c fest verbundenen Systems bestimmt sich am einfachsten auf Grund der Methode von Hartmann. (Siehe Fig. 77.) Man nehme sich die Geschwindigkeit v_A an und konstruiere sich v_B. Verkleinert man v_A und v_B im Abstandsverhältnis der Punkte P und A von A_0 bzw. P und B von B_0, so bekommt man die beiden Komponenten u_A und u_B und damit die Polwechselgeschwindigkeit u selbst. Sucht man sich auf der Normalen zu u in P den Punkt W (Wendepol), dessen Geschwindigkeit $v_W = u$ ist, so ist PW der Durchmesser des Wendekreises.

c) Gegenläufiges Zwillingskurbelgetriebe.

Das Getriebe ist genau das gleiche wie das vorige mit dem einzigen Unterschiede, daß jetzt a größer als b ist (Fig. 78). Die Abstände des momentanen Poles P von A und B_0 sind für jede Lage von c einander gleich. Die Differenz der Strecken PA_0 und PB_0 ist bei der

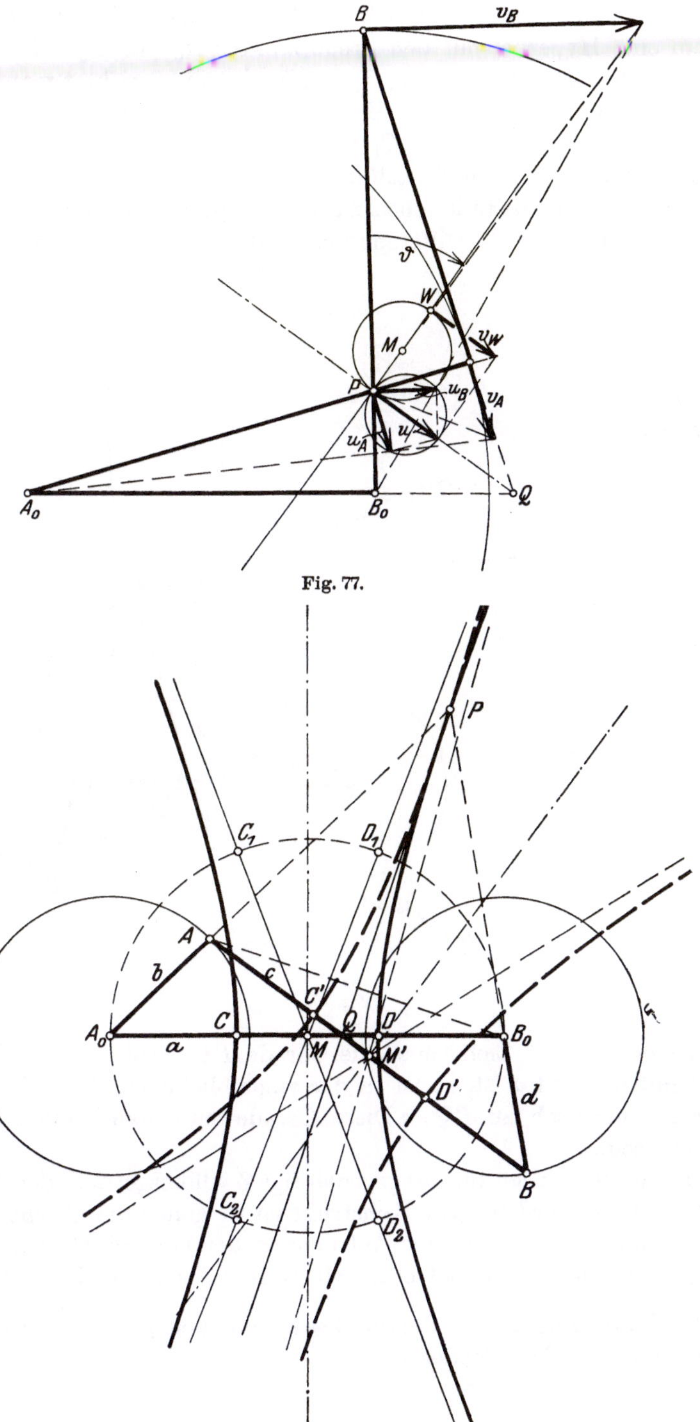

Fig. 77.

Fig. 78.

Bewegung somit konstant gleich b, d. h. P beschreibt im ruhenden System eine Hyperbel mit den Brennpunkten A_0 und B_0. Beschreibt man über dem Durchmesser $A_0 B_0$ den Kreis, und errichtet man in den Scheitelpunkten C und D der Hyperbel die Senkrechten zu $A_0 B_0$, so schneiden diese den Kreis in C_1 und C_2 resp. D_1 und D_2. Die Verbindungslinien $C_1 M D_2$ und $C_2 M D_1$ sind die Asymptoten der Rastpolbahn. Die Gangpolbahn ist ebenfalls eine Hyperbel, welche der ersteren kongruent ist, denn die Differenz der Abstände PA und PB ist eben-

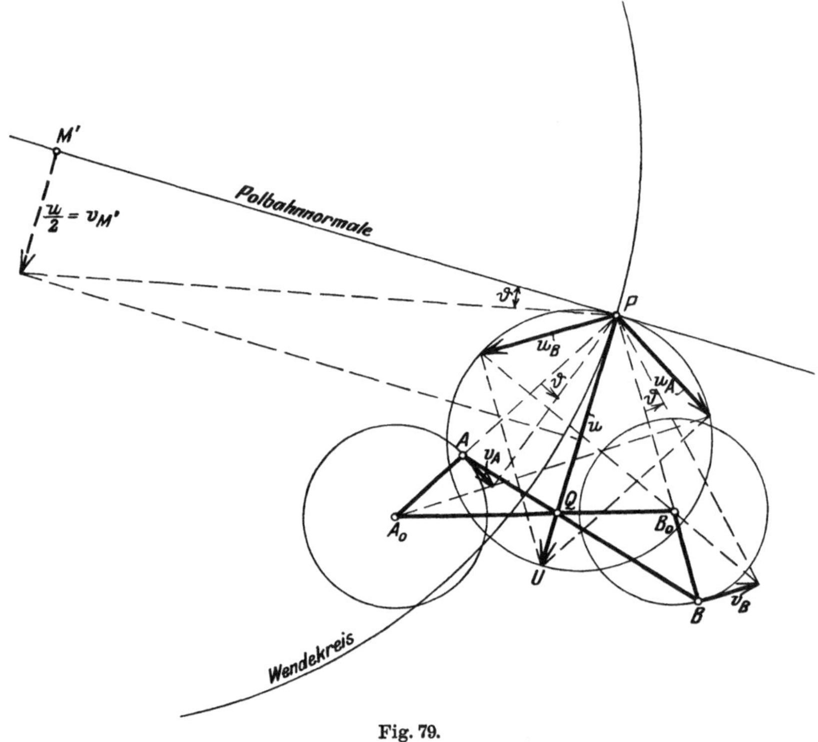

Fig. 79.

falls gleich $b = d$. Zieht man die Gerade PQ, wobei Q der Schnitt der Geraden c und a ist, so ist in der augenblicklichen Lage die ganze Figur symmetrisch zu PQ. Diese Gerade muß daher die Polbahntangente sein.

In Fig. 79 ist auch für das gegenläufige Zwillingsgetriebe der Wendekreis bestimmt worden. Die Konstruktion ist genau die gleiche wie in Fig. 79, nur ist hier nach der Aufsuchung der Polwechselgeschwindigkeit u nicht der Wendepol ermittelt worden, sondern der Punkt M' auf der Polbahnnormalen, dessen Geschwindigkeit gleich $\frac{u}{2}$ ist. M' ist der Mittelpunkt des Wendekreises.

d) Das Schubkurbelgetriebe.

Dies ist der normale Mechanismus, wie er bei der Dampfmaschine usf. benutzt ist, das Gelenk A_0 ist ins Unendliche verlegt, der Weg von A ist geradlinig (Kreuzkopfbahn). Glied c stellt die Schubstange, B den Kurbelzapfen und B_0 die Hauptwelle mit ihrer Lagerung vor.

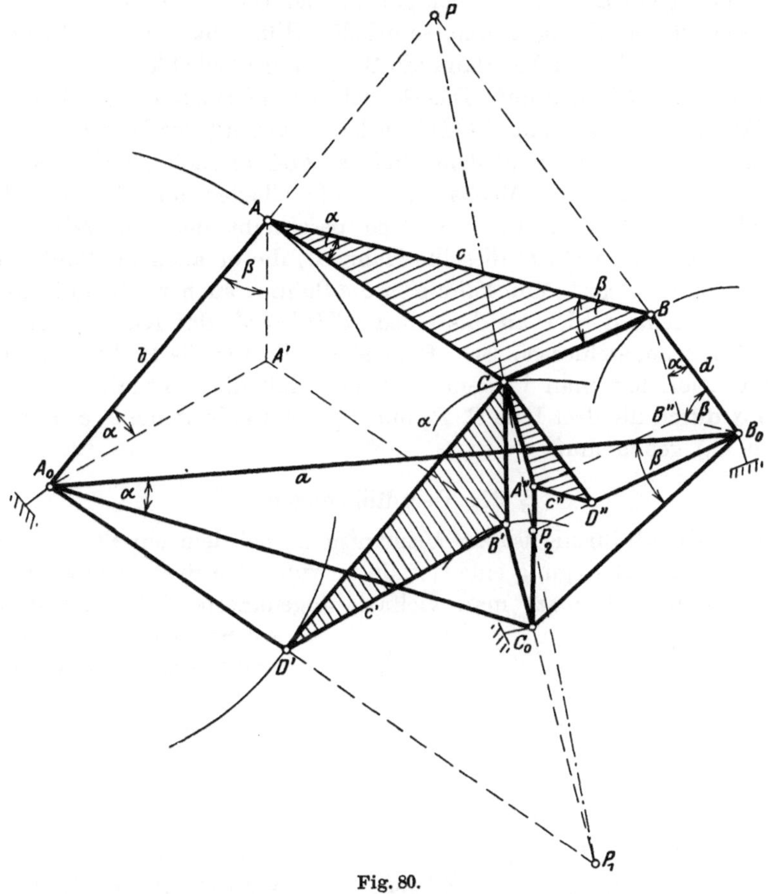

Fig. 80.

§ 26. Dreifache Erzeugung der Bahn eines mit Glied c des Kurbelgetriebes fest verbundenen Punktes.

Es soll hier noch gezeigt werden, wie es möglich ist, die Bahn, welche der Punkt C des bewegten Systems c beschreibt, durch andere Kurbelgetriebe zu erzeugen. Dazu ist in Fig. 80 über der Strecke $A_0 B_0$ das Dreieck $A_0 B_0 C_0$ gezeichnet, welches ähnlich ist zu ABC. Außerdem sind über $A_0 C_0$ und über $C_0 B_0$ die beiden Polygone $A_0 C_0 B' A'$ und $B_0 C_0 A'' B''$ ähnlich zu $A_0 B_0 A B$ konstruiert. Man verbinde weiter A mit A' sowie B mit B'' und C mit B' und A''. Bei der Bewegung des vorgegebenen Kurbelgetriebes behalten sämtliche gezogene Hilfsstrecken ihre Längen, wie aus der Figur leicht zu ersehen ist, bei. Nun trage man sich noch die beiden Strecken CD' und CD'' gleich und parallel AA_0 resp. BB_0 von C aus an und verbinde D' mit A_0 und B', D'' mit A'' und B_0. Auch diese Hilfsstrecken bleiben in allen Lagen des ursprünglichen Getriebes sich gleich. Sämtliche Hilfsstrecken kann man sich durch Stangen und sämtliche Hilfspunkte durch Gelenke ersetzt denken, diese heben dann die Bewegungsmöglichkeit des Kurbelgetriebes A_0B_0BA nicht auf. Das Getriebe ist mehrfach übergeschlossen. Die Dreiecke $CD'B'$ und $CA''D''$, welche während der Bewegung ihre Gestalt nicht ändern, sind dem Dreieck ABC ähnlich. Läßt man in dem übergeschlossenen Mechanismus alle Glieder fort bis auf das Getriebe $A_0C_0B'D'$ $(A_0C_0 = S_0)$, so beschreibt der mit $D'B' = c'$ fest verbundene Punkt C dieselbe Bahn α, die er auch als Punkt des Gliedes c zurücklegt. Man kann sich die Bahn α auch von dem Punkte C erzeugt denken, der an das Glied $A''D'' = c''$ des Kurbelgetriebes $B_0C_0A''D''$ angeschlossen ist. Eine Kontrolle für die Richtigkeit der Konstruktion hat man in dem Umstand, daß die Normale in C der Bahn α durch die drei Pole P, P_1 und P_2 der drei Systeme c, c' und c'' (gegen S_0) gehen muß.

§ 27. Geradführungen.

Eine Geradführung ist ein Mechanismus, bei dem ein Punkt eines Gliedes bei der Bewegung eine Gerade im ruhenden System beschreibt. In der Technik benutzt man vielfach angenäherte Geradführungen, solche, bei denen innerhalb eines gewissen Ausschlages des Getriebes die Bahn des Punktes angenähert gerade ist.

a) Geradführungen beruhend auf der Anwendung des Kardanischen Problems.

In Fig. 81 rollt der Kreis K' auf K, dessen Radius gleich dem Durchmesser MP des ersten Kreises ist. Es wurde

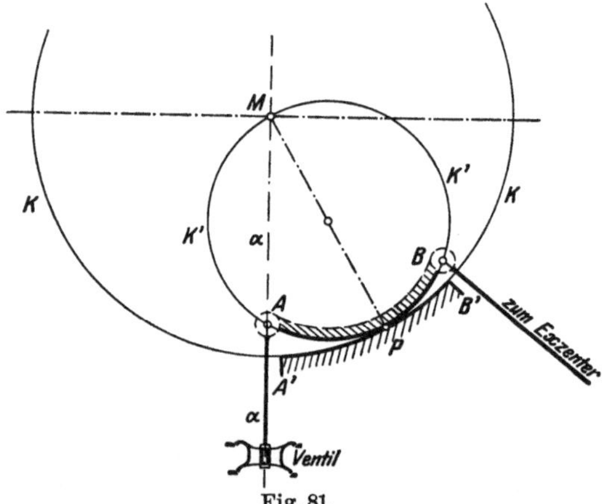

Fig. 81.

früher gezeigt, daß irgendein Punkt A auf K' eine Gerade α beschreibt. Man könnte also den Punkt A benutzen zur Betätigung eines Ein- oder Auslaßventils, indem man die beiden Bogen AB und $A'B'$ als Wälz-

hebel ausbildet und in B von einem Exzenter her eine Bewegung
einleitet.

In den meisten Fällen werden nicht die Polbahnen zur Festlegung
der Bewegung des Systems benutzt, sondern die Bahnen zweier Systempunkte. Man hat dabei noch das
Bestreben, möglichst Kreise als
Punktbahnen zu verwenden, so daß
die einzelnen Glieder des Getriebes
nur in Gelenken untereinander in
Verbindung stehen, welche praktisch
leicht und genau herzustellen sind.
Die Stange AB in Fig. 82 wird
durch C halbiert. C ist an irgendeinen Punkt C_0 angelenkt, so zwar,
daß $CC_0 = AC$. Bewegt man B auf
der Geraden $BC_0 = \beta$, so beschreibt
A als Weg die Gerade α. Bei der
praktischen Anwendung dieser Geradführung ersetzt man meist die

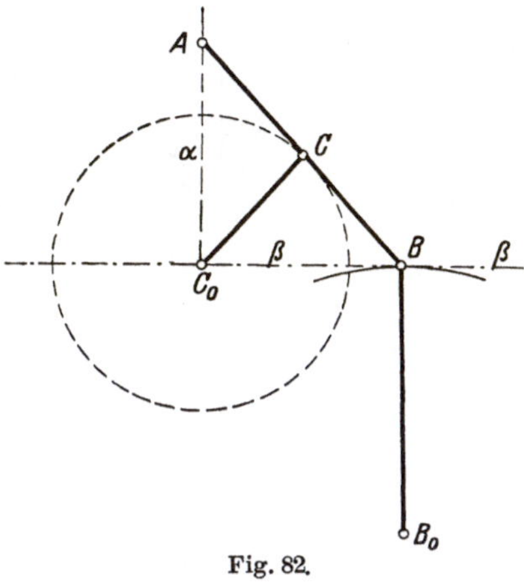

Fig. 82.

Gerade β durch einen Kreisbogen, indem man B durch eine Stange BB_0
an den festen Punkt B_0 (BB_0 senkrecht zu β) anschließt. Würde die
Stange BB_0 unendlich groß
gewählt werden können, so
würde der Punkt A des neuen
Systems bei der Bewegung
eine genaue Gerade beschreiben. Je kleiner BB_0, desto
unvollkommener wird die Geradführung. In praktischen
Fällen muß man besonders
untersuchen, wie weit man
mit den Ausschlägen von A
gehen darf, ohne daß die Abweichungen der wirklichen
Bahn von A von der Ge-
raden α unzulässig groß
werden.

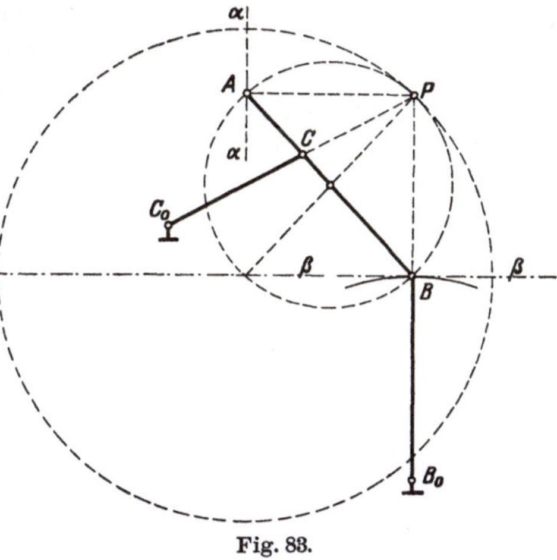

Fig. 83.

Lenkt man, wie dies in Fig. 83 geschehen ist, irgendeinen
Punkt C der Stange AB an den Krümmungsmittelpunkt C_0 seiner Bahn
(Ellipse) an, so beschreibt der Punkt A des bewegten Systems, dessen
Bewegung jetzt durch die Bahnen der Punkte C und B bestimmt sein
möge, für kleine Ausschläge immer noch die Gerade α. Man nennt diese
Geradführungen Ellipsenlenker.

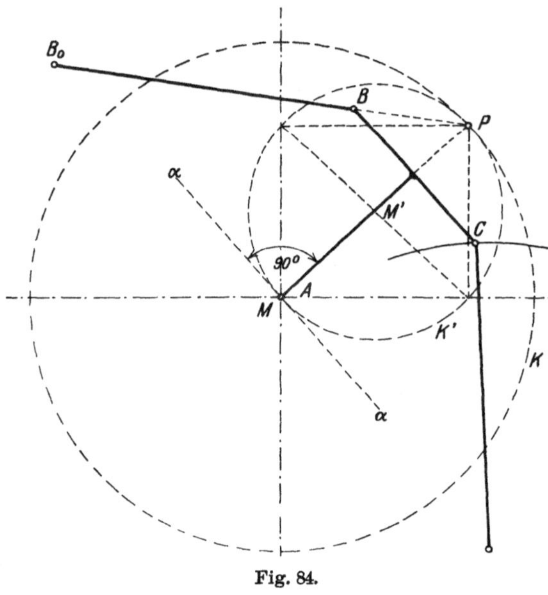

Fig. 84.

Bei dem Robertschen Dreiecklenker in Fig. 84 sind zwei irgendwie gewählte Systempunkte B und C an ihren Krümmungsmittelpunkten B_0 und C_0 angelenkt. Jeder Punkt von K' beschreibt dann für kleine Ausschläge eine Gerade, so bewegt sich Punkt A, der mit dem Mittelpunkt M der Rastpolbahn K momentan zusammenfällt, auf der Geraden α.

Da der Krümmungskreis drei unendlich benachbarte Punkte mit der Punktbahn gemeinsam hat, so sind die angenäherten Geradführungen, die auf dem Ersatz der Punktbahn durch den zugehörigen Krümmungskreis beruhen, „dreipunktige Geradführungen“. Man kann dreipunktige Geradführungen auch dadurch konstruieren, daß man drei nahe beieinanderliegende Punkte der Bahn ermittelt und durch diese einen Kreis zieht, welcher als Ersatz der genauen Bahn dient. Bei dieser Konstruktion erhält man einen größeren angenähert geraden Weg des zu führenden Punktes, doch sind die Abweichungen der wirklichen Bahn von der Geraden zwischen den drei Punkten größer.

Die Geradführung, beruhend auf dem Kardanischen Problem, läßt sich derart ausbilden, daß innerhalb eines gegebenen Ausschlages die wirkliche Bahn die Gerade fünfmal schneidet. Diese fünf Schnittpunkte sind in Fig. 85 mit $A_1, A_2 \ldots A_5$ bezeichnet. $A_1 A_2 = A_2 A_3 = A_3 A_4 = A_4 A_5$. Man konstruiere sich nun zu den einzelnen Lagen

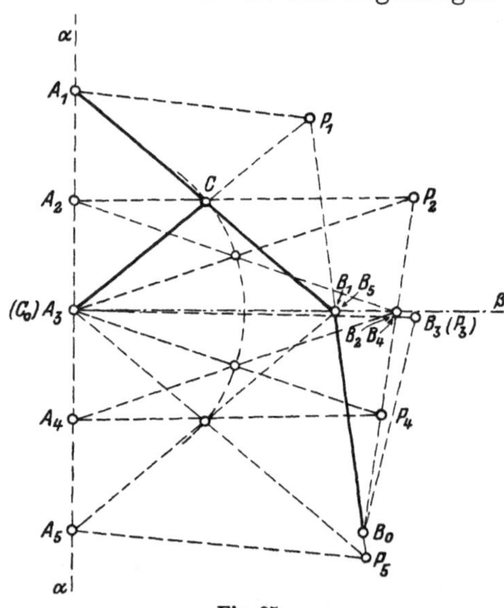

Fig. 85.

von A (mit Ausnahme von A_3) die Stellungen des Punktes B auf β. B_1 und B_2 sowie B_2 und B_4 fallen zusammen. Man nehme nun die Länge der Stange BB_0 möglichst groß an und lege B_0 so, daß der Kreis um B_0 durch B_1 und B_2 geht. Ersetzt man die Gerade β durch den Kreisbogen um B_0, so beschreibt jetzt der Punkt A eine wellenförmige Linie, welche die Punkte A_1 bis A_5 mit α gemeinsam hat. Man kann sich über die Annäherung der Bahnkurve von A sofort ein Urteil verschaffen, wenn man sich die Bahnnormalen A_1P_1, $A_2P_2 \ldots$ konstruiert. Wäre die Geradführung eine vollkommen genaue, so müßten die Normalen alle unter sich parallel sein und senkrecht zu α stehen.

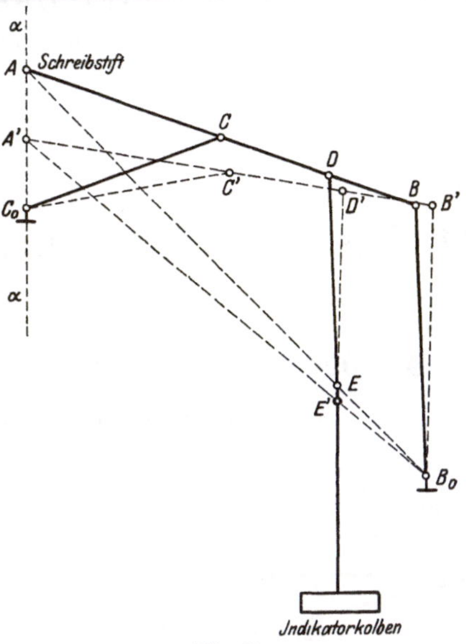

Fig. 86.

Weitgehende Anwendung findet diese fünfpunktige Geradführung beim Indikator von Rosenkranz zur Übertragung des Weges des Indikatorkolbens auf den Schreibstift. Das Getriebe ist in Fig. 86 schematisch dargestellt in zwei Lagen. In dem Punkte D wird durch das Zwischenglied DE die Bewegung vom Kolben auf die Geradführung übertragen. Bei dem Entwurf eines Indikatorgetriebes ist man bestrebt, den Schreibstift und den Kolbenweg einander möglichst proportional zu machen; man erreicht dies, wenn man A, E und B_0 in einer Mittellage des Getriebes in eine Gerade legt und ED parallel B_0B macht.

Die bisher besprochene angenäherte Geradführung ist eine Vierzylinderkette oder ein Kurbelgetriebe; man kann dieses nach der auf S. 59 erwähnten Konstruktion durch zwei andere Kurbelgetriebe ersetzen, welche dieselbe Punktbahn für A ergeben.

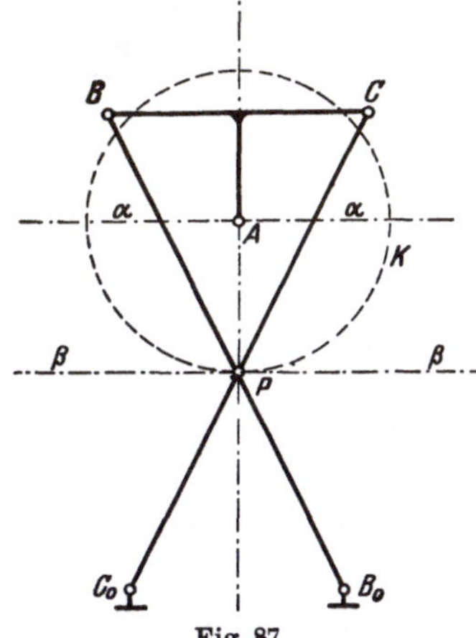
Fig. 87.

b) Zykloidenlenker.

Rollt der Kreis K auf der Geraden β (Fig. 87), so beschreibt sein Mittelpunkt A eine zu β parallele Gerade α. Führt man irgend zwei

Systempunkte B und C (in der Figur symmetrisch zur momentanen Polbahnnormalen angenommen) auf ihren Krümmungskreisen, so hat man in dem Kurbelgetriebe $C_0 C B B_0$ eine dreipunktige Geradführung. B_0 und C_0 sind die Krümmungsmittelpunkte der von B und C beschriebenen Zykloiden.

II. Die Beschleunigungsverhältnisse bewegter ebener Systeme.

A. Der Beschleunigungszustand des ebenen Systems.

§ 28. Die Beschleunigung eines Systempunktes.

Bei der Untersuchung eines Getriebes oder eines einzelnen bewegten Systems genügt es zumeist nicht, nur die Bahnen der Systempunkte und die Geschwindigkeiten derselben zu erörtern, es wird vielmehr auch die Frage nach den dynamischen Verhältnissen, namentlich bei rasch bewegten Mechanismen, aufgeworfen. Der Endzweck dieser zweiten Untersuchung ist immer die Bestimmung der Massendruckkräfte an den einzelnen Gliedern, welche mit den Beschleunigungen proportional sind. Diese sollen im nachfolgenden Abschnitt ermittelt werden.

Der Begriff der Beschleunigung ist eingangs bereits erklärt worden. In Fig. 88 seien v_1 und v_2 die Geschwindigkeiten eines Systempunktes zu Anfang und Ende des Zeitelements dt. Bildet man die geometrische Differenz $v_2 - v_1 = dv$, so ist $\dfrac{dv}{dt}$ die Beschleunigung in der

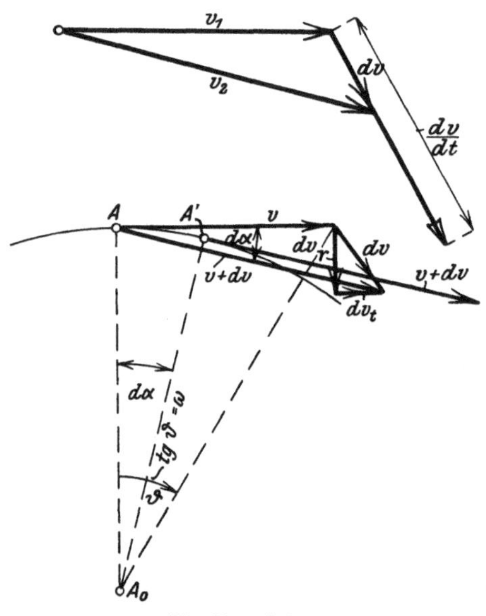

Fig. 88 und 89.

Anfangslage des Punktes. Die während dt zurückgelegte Wegstrecke sei $A A'$ in Fig. 89. In A sei die Geschwindigkeit v, in A' ist sie $v + dv$. Die beiden in A und A' auf v und $v + dv$ errichteten Lote schneiden sich in dem Krümmungsmittelpunkt A_0. Punkt A dreht sich um A_0 mit einer Winkelgeschwindigkeit $\omega = \mathrm{tg}\,\vartheta$. Während dt bestreicht $A_0 A$

den Winkel $d\alpha = \omega\,dt$, um den gleichen Winkel $d\alpha$ dreht sich auch v bis zur Richtung von $v + dv$. Die Geschwindigkeitsänderung dv läßt sich zerlegen in die beiden Komponenten dv_r und dv_t parallel und senkrecht zu $A A_0$.

$\dfrac{dv_r}{dt} = b_r$ nennt man die Radial-, Normal- oder Zentripetalbeschleunigung, wogegen $\dfrac{dv_t}{dt} = b_t$ die Tangentialbeschleunigung des Punktes A heißt. Aus Fig. 89 ist ersichtlich, daß

$$dv_r = (v + dv) \cdot d\alpha = v\,d\alpha = v\,\omega\,dt = (r_A \cdot \omega) \cdot \omega\,dt = r_A \cdot \omega^2\,dt\,,$$

worin r_A den Krümmungsradius $A A_0$ bedeutet;

$$b_r = \frac{dv_r}{dt} = r_A\,\omega^2 = \frac{v^2}{r_A} \quad (v = r_A \cdot \omega)\,.$$

In dem Punkte A' ist die absolute Größe der Geschwindigkeit $= v + dv_t = r_A \cdot (\omega + d\omega)$. Oder

$$dv_t = r_A \cdot d\omega\,, \qquad b_t = \frac{dv_t}{dt} = r_A \cdot \frac{d\omega}{dt}\,.$$

$\dfrac{d\omega}{dt}$ ist die Winkelbeschleunigung der Drehung um A_0. Die Gesamtbeschleunigung b ist die geometrische Summe aus b_r und b_t.

$$b = \frac{dv}{dt} = \frac{1}{dt}\sqrt{dv_r^2 + dv_t^2} = \sqrt{(r_A\,\omega^2)^2 + \left(r_A\,\frac{d\omega}{dt}\right)^2}\,,$$

mit $\dfrac{d\omega}{dt} = \varepsilon$ ist $b = r_A\,\sqrt{\omega^4 + \varepsilon^2}\,.$

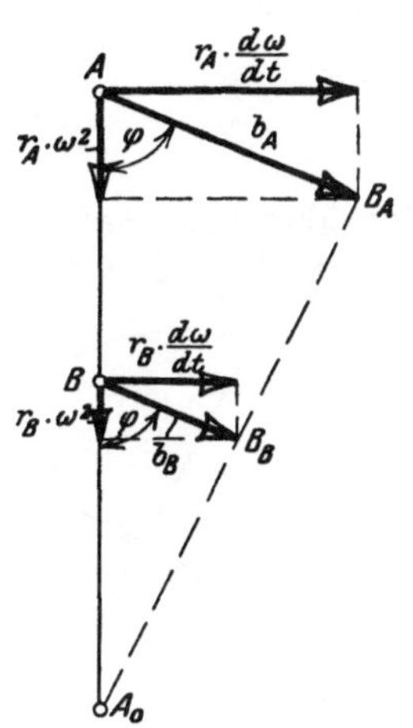

Fig. 90.

Die Beschleunigungen b_A und b_B zweier Punkte A und B der um den festen Punkt A_0 sich drehenden Strecke $A_0 A$ (Fig. 90) sind

$$b_A = r_A\,\sqrt{\omega^4 + \varepsilon^2}\,,$$
$$b_B = r_B\,\sqrt{\omega^4 + \varepsilon^2}\,.$$

ω und ε müssen für beide Punkte natürlich dieselben Werte haben. Die Beschleunigungen und auch ihre beiden Komponenten sind proportional dem Abstand vom gemeinsamen Krümmungsmittelpunkt und sind untereinander parallel, Winkel $A_0 A B_A = A_0 B B_B = \varphi$. Verbindet man die Endpunkte B_A und B_B der Beschleunigungen b_A und b_B, so geht diese Verbindungslinie durch den Krümmungsmittelpunkt A_0.

Dreht sich das bewegte System, das in Fig. 91 durch die beliebig angenommene Stange $A B$ dargestellt ist, um den festen Punkt K,

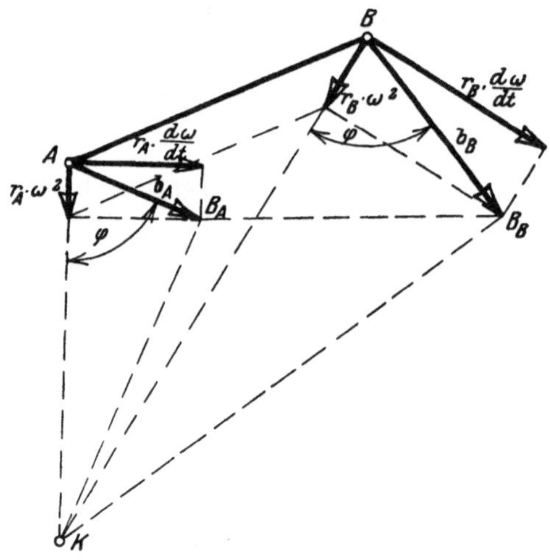

Fig. 91.

so sind in einem bestimmten Augenblick die Winkelgeschwindigkeit und die Winkelbeschleunigung für alle Systempunkte ebenfalls gleich. Die Beschleunigungen b_A und b_B sind ihrer Größe nach proportional den Abständen r_A und r_B vom Drehpunkt K und sind gegen r_A resp. r_B unter demselben Winkel φ geneigt.

§ 29. Die Beschleunigungen zweier Punkte desselben beliebig bewegten ebenen Systems.

Es soll noch eine Bemerkung vorausgeschickt werden über eine einfache Konstruktion der Normalbeschleunigung. Der Punkt A in Fig. 92 beschreibe als Bahn den Kreis um A_0 mit einer Geschwindigkeit v_A, deren Größe konstant bleiben soll. A erfährt dann lediglich eine Normalbeschleu-

nigung $b_{nA} = A_0 A \cdot \omega^2 = \dfrac{v_A^2}{A_0 A}$,

deren Größe man sich rechnerisch bestimmen kann. Bequemer und zuverlässiger findet man b_{nA} geometrisch, indem man sich in V_A auf $A_0 V_A$ die Senkrechte zeichnet, welche auf $A_0 A$ in B einschneidet; $A B = b_{nA}$ (das Produkt aus den Abschnitten der Hypotenuse ist dem Quadrat der Höhe gleich, also

$$v_A^2 = A_0 A \cdot A B\; ;\quad A B = \frac{v_A^2}{A_0 A} = b_{nA}).$$

Der Pfeil der Normalbeschleunigung ist immer auf den Drehpunkt A_0 oder den Krümmungsmittelpunkt hin gerichtet. Mit dieser Konstruktion findet man, wenn die Maßstäbe für die Strecken und Geschwindig-

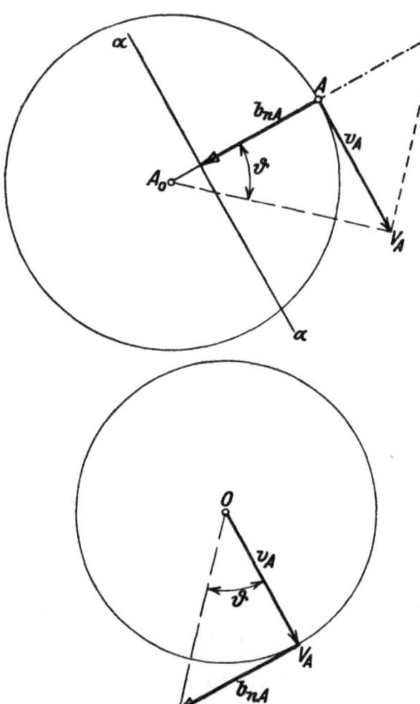

Fig. 92 und 93.

keiten angenommen sind, die Beschleunigung in einem bestimmten Maßstab, den man sich dadurch ermitteln kann, daß man Strecke $A B$

gleich dem rechnerisch bestimmten Wert $\dfrac{v_A^2}{A_0 A}$ setzt. In diesem Buch ist der Beschleunigungsmaßstab stillschweigend immer so gewählt, daß der Größenwert der Normalbeschleunigung mit der Dreieckskonstruktion richtig gefunden wird. Bei der Bestimmung der Beschleunigung als Geschwindigkeit am Geschwindigkeitsriß findet man die Beschleunigung in demselben Maßstabe. In Fig. 93 ist für den Punkt A aus Fig. 92 der Geschwindigkeitsriß gezeichnet, es ist ein Kreis um den Punkt O mit dem Radius v_A. Da der Punkt V_A den Kreis um O in derselben Zeit einmal durchlaufen muß, in welcher auch A den Kreis um A_0 beschreibt, so ist die Winkelgeschwindigkeit $\omega = \operatorname{tg}\vartheta$ bei den beiden Bewegungen dieselbe. Man findet also die Geschwindigkeit des Punktes V_A durch Antragen des Winkels ϑ an OV_A. Diese Geschwindigkeit ist gleich der Beschleunigung b_{nA} und im selben Maßstab gefunden wie in Fig. 92. Durchläuft der Punkt A seine Bahn nicht gleichförmig, so kann man von der Beschleunigung b_A doch jederzeit die Normalkomponente b_{nA} finden. Der Endpunkt von b_A muß dann auf der Senkrechten α (Fig. 92) zum Krümmungsradius im Abstande b_{nA} von A gelegen sein. Diese Senkrechte ist ein geometrischer Ort für diesen Endpunkt.

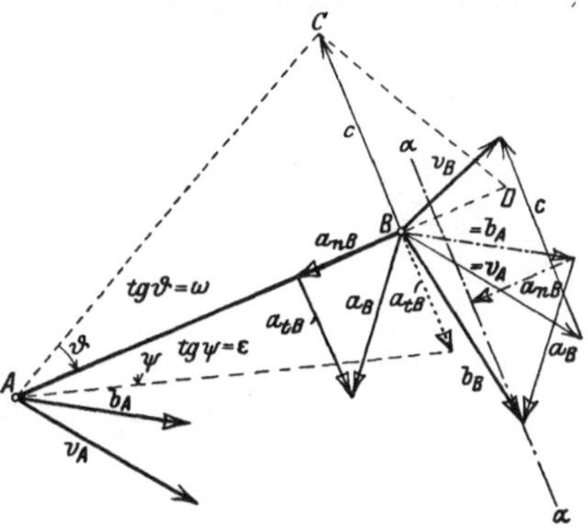

Fig. 94.

In Fig. 94 sind A und B zwei Punkte des bewegten Systems S_1. Die Geschwindigkeiten v_A und v_B seien bekannt, desgleichen die Beschleunigung b_A und die Relativbeschleunigung a_B, die sich bei der Relativbewegung von B gegen A ergibt. B dreht sich gegen A mit der Geschwindigkeit c, dieser relativen Drehung entspricht die Normalbeschleunigung a_{nB}, welche mit Hilfe des rechtwinkligen Dreiecks ACD gefunden wurde. a_B muß derart vorgegeben sein, daß die Projektion auf $AB = a_{nB}$ ist. Die projizierende Strecke a_{tB} ist die Tangentialbeschleunigung der Relativbewegung von B gegen A. Die Beschleunigung b_B des Punktes B soll ermittelt werden.

Man betrachte das bewegte System in seinen beiden Lagen zu Anfang und Ende des Zeitteilchens dt. Während dt erfährt v_A die Änderung dv_A (Fig. 95) in Richtung von b_A und geht nach Ablauf der Zeit dt in die Geschwindigkeit v_A' über. Aus v_A ergibt sich v_B nach der Gleichung $v_A + c = v_B$. Die Relativgeschwindigkeit c ändert sich während dt um dc und geht in c' über. Nun ist $v_A' + c' = v_B'$.

Die Verbindung der Endpunkte von v_B' und v_B gibt die Strecke dv_B oder die Änderung der Geschwindigkeit v_B während des Zeitelementes dt. $\dfrac{dv_B}{dt}$ ist die Gesamtbeschleunigung des Punktes B. Aus Fig. 95 erkennt man, daß

$$dv_B = dv_A + dc \quad \text{oder} \quad \frac{dv_B}{dt} = \frac{dv_A}{dt} + \frac{dc}{dt} \quad \text{oder} \quad b_B = b_A + a_B \quad \text{(Fig. 94)}.$$

D. h. die Beschleunigung irgendeines Systempunktes des bewegten Systems S_1 ist gleich der geometrischen Summe aus der Beschleunigung irgendeines andern Punktes von S_1 und der Relativbeschleunigung gegen diesen Hilfspunkt. Man kann diesen Satz auch in folgender Form aussprechen. Die Beschleunigung b_B des Punktes B ist gleich der Beschleunigung b_A des Punktes A plus der Normalbeschleunigung

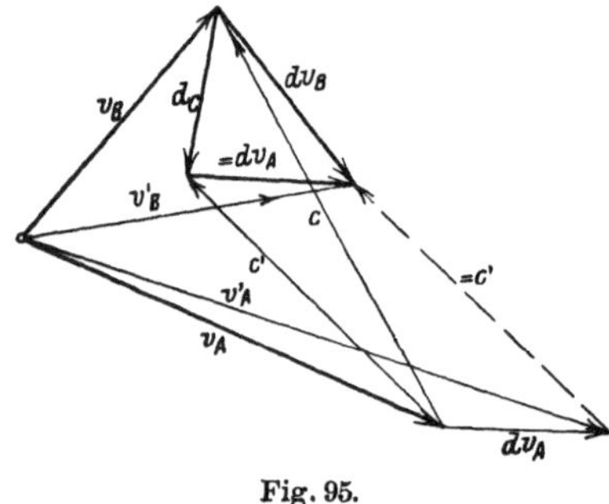

Fig. 95.

a_{nB}, die sich bei der Drehung von B um A ergibt, plus der Tangentialbeschleunigung a_{tB}, welche der Relativdrehung entspricht (Strichpunktierter Linienzug in Fig. 94). In den meisten Fällen ist die letzte Komponente von vornherein nicht bekannt, man findet dann für den Endpunkt der Beschleunigung von B als geometrischen Ort die Gerade α senkrecht zu AB. Der momentane Beschleunigungszustand eines ebenen bewegten Systems, dessen momentane Geschwindigkeitsverhältnisse bekannt seien, ist vollständig bestimmt, wenn man die Beschleunigung eines beliebigen Systempunktes und die Tangentialbeschleunigung der Relativbewegung eines zweiten Punktes gegen den ersten kennt. Statt dieser Tangentialbeschleunigung kann auch die Winkelbeschleunigung $\dfrac{d\omega}{dt} = \varepsilon$ $(\omega = \operatorname{tg}\vartheta$ Fig. 94) gegeben sein. Ist ε bekannt, so konstruiert man die Tangentialbeschleunigungen genau so wie die Geschwindigkeiten aus ω, indem man sich einen Winkel $\psi = \operatorname{arctg}\varepsilon$ (siehe Fig. 94) an die Strecke AB in A anträgt. Der zweite Schenkel des Winkels schneidet auf der Senkrechten zu AB in B die Tangentialbeschleunigung a_{tB} ab. (Man beachte, daß dem Winkel ψ ebenso wie ω ein bestimmter Richtungssinn zukommt.)

Kennt man von dem bewegten System S_1 den momentanen Bewegungszustand, so kann aus der Beschleunigung eines Punktes die Beschleunigung jedes andern Punktes ermittelt werden.

In Fig. 96 stellt die Stange AB wie in Fig. 94 das System S_1 vor. Die Beschleunigung von A ist bekannt, ebenso der Krümmungsmittelpunkt B_0 von B. In Fig. 94 wurde gezeigt, daß der Endpunkt von b_B nur auf der Geraden α liegen kann. Da sich B um B_0 dreht, so muß die Projektion von b_B auf BB_0 gleich der Normalbeschleunigung b_{nB} sein, oder der Endpunkt von b_B muß auf einer Geraden β senkrecht zu BB_0 im Abstand b_{nB} von B gelegen sein. Die Verbindungsstrecke zwischen dem Schnittpunkt der beiden Lote α und β und B ist die Beschleunigung b_B.

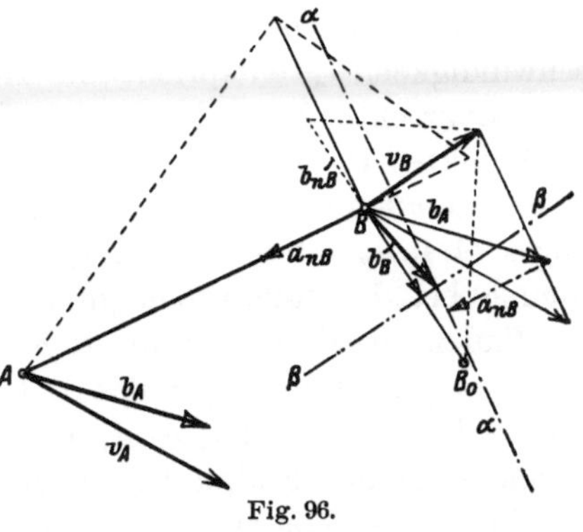

Fig. 96.

Beispiele.

a) Die Beschleunigungen an dem Kurbelgetriebe A_0ABB_0 (Fig. 97).

Bekannt ist außer der Geschwindigkeit v_B von B die Tangentialbeschleunigung b_{tB}, gesucht sind b_B und b_A. Man trage sich auf der

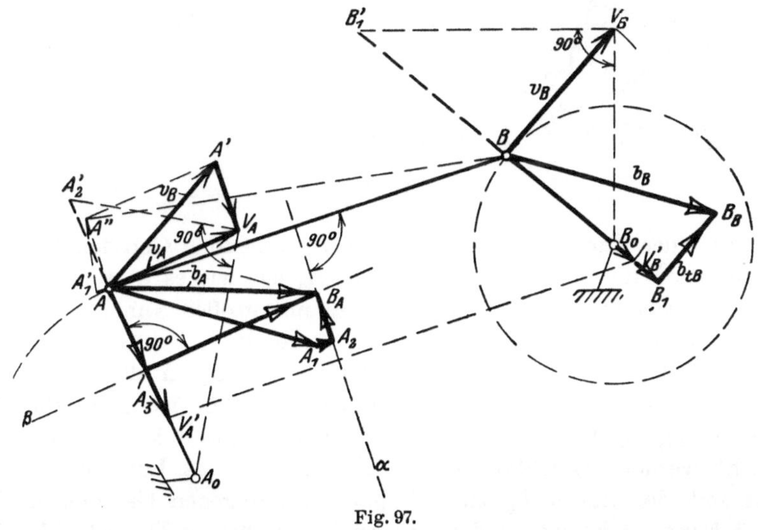

Fig. 97.

Kurbelrichtung von B aus gegen B_0 die Normalbeschleunigung BB_1 ($BB_1 = BB_1'$; $B_1'V_B \perp V_BB_0$) ab und addiere hierzu $b_{tB} = B_1B_B$, die Verbindungsstrecke BB_B ist die Beschleunigung des Punktes B. Um b_A zu finden, muß man sich zuerst die Geschwindigkeit v_A konstruieren, dies geschieht am einfachsten, indem man durch den Endpunkt V_B' der lotrechten Geschwindigkeit von B die Parallele $V_B'V_A'$ zu

AB zieht. Die um $90°$ gedrehte Strecke AV'_A ist v_A. Dieser Geschwindigkeit v_A entspricht die Normalbeschleunigung $AA_3 = AA'_2$. Die Senkrechte β zu AA_0 in A_3 ist der erste geometrische Ort des Endpunktes B_A von b_A. Den zweiten geometrischen Ort findet man in der Geraden α senkrecht zu AB durch den Endpunkt A_2 des Linienzuges AA_1A_2, dabei ist $AA_1 = b_B$ und A_1A_2 die Normalbeschleunigung bei der Relativbewegung des Punktes A gegen B; um diese zu finden bestimmt man sich zuerst die Relativgeschwindigkeit $AA'' = V_A A' (AA' = v_B)$; das Lot in A'' auf $A''B$ schneidet die Gerade AB in A'_1. $AA'_1 = A_1A_2$. Der Schnittpunkt B_A der Geraden α und β ist der Endpunkt der Beschleunigung b_A von A.

Die obige Konstruktion ist in Fig. 98 wiederholt für den Fall des normalen Kurbelgetriebes, bei dem A_0 unendlich fern liegt, und A

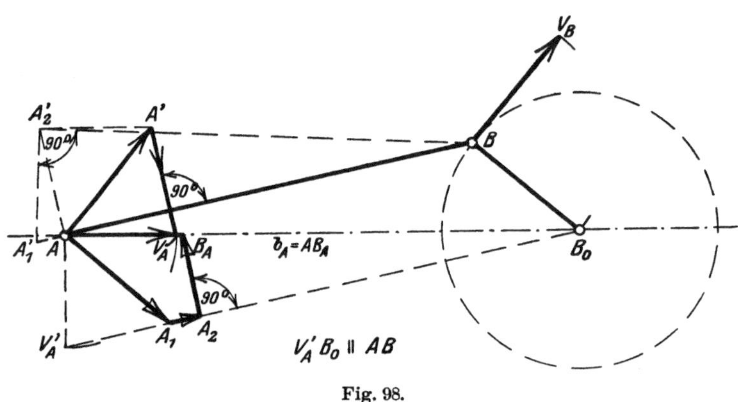

Fig. 98.

sich auf einer durch das Wellenmittel B_0 gehenden Geraden bewegt. Die Rotation des Kurbelzapfens B um B_0 ist, wie es in Wirklichkeit bei der Anwendung des Kurbelgetriebes mit großer Annäherung tatsächlich zutrifft, als gleichförmig vorausgesetzt. Der Geschwindigkeitsmaßstab ist in der Figur so gewählt, daß v_B in der Zeichnung ebenso groß erscheint wie BB_0. Die Strecke BB_0 ist dann die Beschleunigung b_B des Punktes B. Die Konstruktion kann noch vereinfacht werden; errichtet man in A auf AB_0 das Lot und bringt dieses mit der durch B_0 zu AB parallel gezogenen Geraden in V'_A zum Schnitt, so ist wegen der Kongruenz der beiden Dreiecke $AA_1V'_A$ und $AA'V_A$ die Strecke $V'_A A_1 = V_A A'$ gleich der Relativgeschwindigkeit des Punktes A gegen B. Unter Benützung dieser Beziehung ist in Fig. 99 die Konstruktion in vereinfachter Weise nochmals gezeichnet.

Weitere Methoden zur Bestimmung der Beschleunigung des Kreuzkopfes A:

Die Geschwindigkeit, mit welcher der Endpunkt der Geschwindigkeit des Punktes A sich bewegt, ist die Beschleunigung von A. In Fig. 100 sei BB_0 wieder die lotrechte Geschwindigkeit v'_B von B, dann ist B_0U (U in der Verlängerung von AB) gleich v'_A, und die

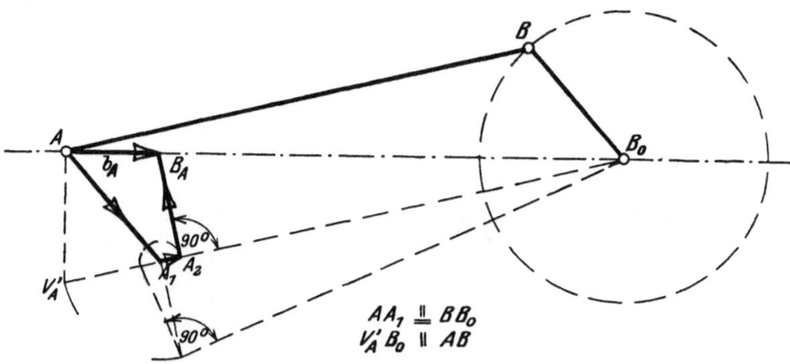

Fig. 99.

lotrechte Geschwindigkeit von U auf der Achse B_0U ist b_A. Als Punkt der Stange AB kommt U die Geschwindigkeit v'_U zu, welche man findet, indem man U mit dem momentanen Pol P verbindet und UP

bis nach V'_U verlängert auf der Parallelen zu AB durch B_0. Zerlegt man v'_U in die beiden Komponenten UV''_U und $V'_U V''_U$ senkrecht zu B_0U resp. AU, so ist UV''_U die Beschleunigung b_A von A.

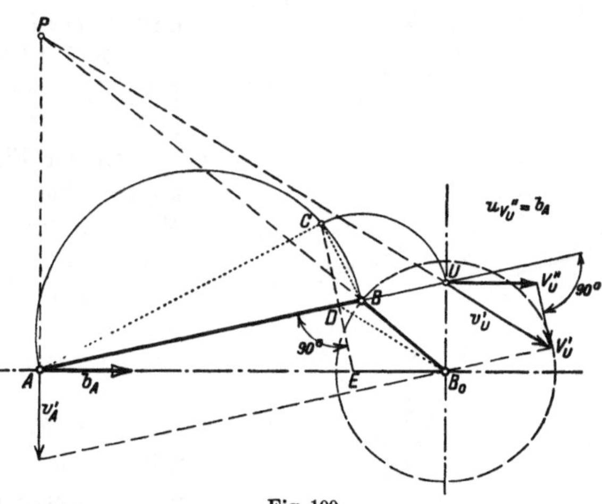

Fig. 100.

Diese Konstruktion setzt für jede Stellung des Getriebes die Kenntnis des Poles P voraus, nun ist aber P nicht immer zugänglich, weshalb noch eine zweite Art der Bestimmung der Kreuzkopfbeschleunigung angegeben werden soll, welche den Pol entbehrlich macht. Man schlage über dem Durchmesser AB den Kreis und einen zweiten um B mit BU als Radius. Durch den Schnitt C beider Kreise fälle man das Lot CDE zu AB, dann ist die Strecke B_0E die Kreuzkopfbeschleunigung. Zum Beweis der Richtigkeit der Konstruktion sind in der Figur die punktierten Hilfslinien eingetragen. Aus dem rechtwinkligen Dreieck ABC folgt $BU^2 = CB^2 = AB \cdot DB$. (Das Quadrat der einen Kathete ist dem Produkt aus der Hypotenuse und dem anliegenden Abschnitt derselben gleich.)

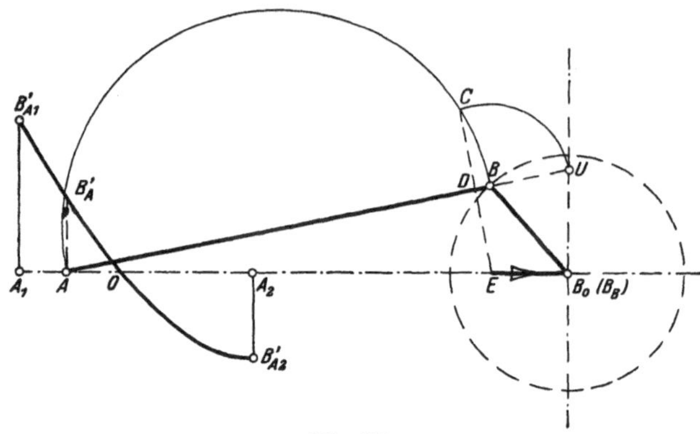

Fig. 101.

Oder $\quad BU : BD = AB : BU = PB : BB_0 \;\; (B_0 U \parallel AP)$

oder $\quad\quad BU : PB = BD : BB_0$.

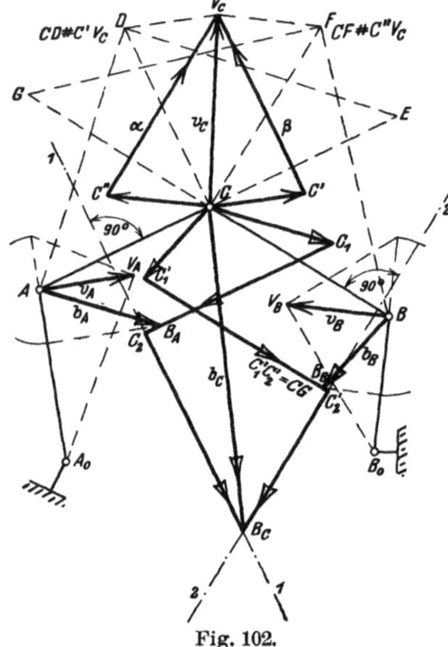

Fig. 102.

Aus dieser Proportionalität folgt, daß $B_0 D \parallel UV_U'$.

Die beiden Dreiecke $DB_0 E$ und $UV_U'' V_U'$ sind kongruent, somit $EB_0 = UV_U'' = b_A$.

In der Fig. 101 ist die Kreuzkopfbeschleunigung nach der obigen Methode für verschiedene Kurbelstellungen B konstruiert worden. Trägt man sich senkrecht zu der Gleitbahnrichtung AB_0 in jeder Lage des Kreuzkopfes A die Beschleunigung $b_A = AB_A'$ auf (die gegen B_0 gerichtete Beschleunigung nach aufwärts, die entgegengesetzten Beschleunigungen nach abwärts), so bekommt man in der Kurve $B_{A_1}' O B_{A_2}'$ eine Schaulinie für den Wechsel der Kreuzkopfbeschleunigung.

b) Die Beschleunigungsverhältnisse an der Fünfzylinderkette.

Die Fünfzylinderkette ($A_0 A C B B_0$ Fig. 102) ist kein zwangläufiger Mechanismus, die Bewegung der einzelnen Systeme oder Glieder ist deshalb erst dann vollkommen bestimmt, wenn in zwei Punkten

Bewegungen eingeleitet werden. In der Fig. 102 seien die momentanen Bewegungsverhältnisse der beiden Gelenke A und B durch die Angabe der Vektoren v_A und b_A bzw. v_B und b_B bestimmt. b_A und b_B müssen derart vorgegeben sein, daß ihre Projektionen auf A_0A resp. B_0B gleich den Normalbeschleunigungen von A und B sind, welche durch die Angabe der Größen v_A und v_B mit bestimmt sind. Die Geschwindigkeit v_C des Gelenkes C wird gefunden durch das Zeichnen der nachbezeichneten Linien

$$CC'' \mathbin{\#} BV_B ; \quad CC' \mathbin{\#} AV_A .$$

Richtung α, β senkrecht zu BC resp. AC durch C'' bzw. C'.

In Schnitt von α und β ist der Endpunkt V_C der Geschwindigkeit von C.

Für den Endpunkt B_C der Beschleunigung von C kann man wieder zwei geometrische Örter angeben. Faßt man nämlich C als Punkt des Gliedes AC auf, so ist b_C die Resultierende aus

1. der Beschleunigung von A gleich CC_1,
2. der Normalbeschleunigung bei der Drehung von AC um A gleich C_1C_2 $(= CE)$,
3. der Tangentialbeschleunigung bei der Drehung von AC um A, von welcher nur die mit 1 bezeichnete Richtung bekannt ist (senkrecht zu AC).

Betrachtet man nun C als Punkt des Systems BC, so findet man in gleicher Weise die mit 2 bezeichnete Senkrechte zu BC als zweiten geometrischen Ort. Die Geraden 1 und 2 treffen sich im Endpunkt der Beschleunigung b_C. Die Strecken $C_2 B_C$ und $C_2' B_C$ sind die Tangentialbeschleunigungen der Relativbewegungen von Gelenk C gegen A und B, damit sind dann auch die Winkelbeschleunigungen dieser Relativbewegungen bekannt.

Nachdem nun die Geschwindigkeiten und Beschleunigungen der Gelenke A, B und C bekannt sind, macht es keine Schwierigkeit für jeden beliebigen, mit System AC oder BC fest verbundenen Punkt, die Bewegungsverhältnisse zu bestimmen. Sind die Beschleunigungen gefunden, so kann man aus diesen auch die Krümmungsmittelpunkte der Punktbahnen ermitteln.

§ 30. Die Polbeschleunigung und der Beschleunigungspol.
Bressesche Kreise.

Von dem bewegten System S_1 seien die Geschwindigkeiten und Beschleunigungen der beiden Punkte A und B in Fig. 103 gegeben (zu beachten ist, daß man v_A und v_B bzw. b_A und b_B nicht ganz willkürlich annehmen kann, da sich die vier Vektoren in bekannter Weise gegenseitig teilweise bestimmen). Der momentane Bewegungszustand von S_1 ist damit festgelegt, und man kann sich die Polbahntangente und Normale, den Wendekreis und die Krümmungsmittelpunkte beliebiger Systempunkte ermitteln. Den Pol bekommt man als Schnitt der Normalen zu v_A und v_B in A und B. Projiziert man nun den Endpunkt B_A auf den Polstrahl AP nach E und dreht die Normalbeschleunigung AE um A um $180°$ nach AD und konstruiert man

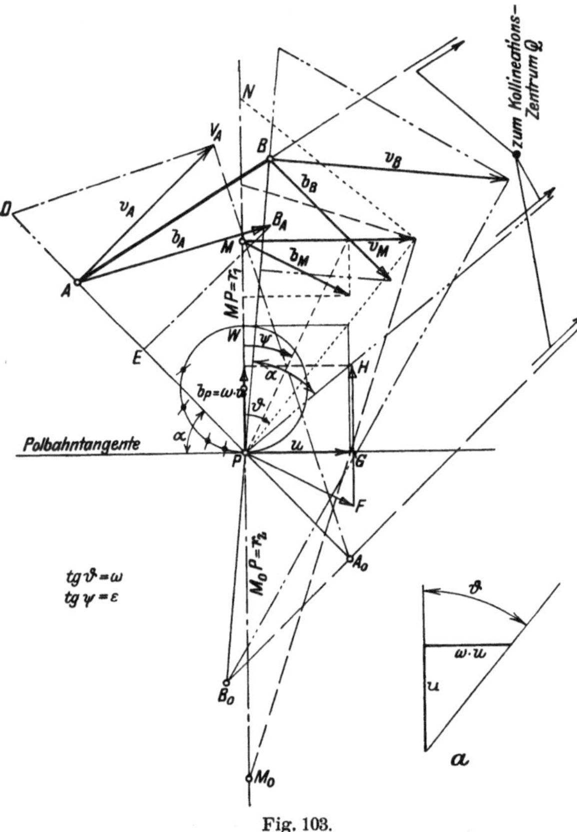

Fig. 103.

mit DV_A als Kathete und der Hypotenusenrichtung DAP ein rechtwinkliges Dreieck, so ist der dritte Eckpunkt desselben der Krümmungsmittelpunkt A_0 des Bahnelementes von A. In gleicher Weise ist B_0 gefunden. Verbindet man den Schnitt der Geraden AB und A_0B_0 — des Kollineationszentrums Q von A und B — mit P, so bildet die Kollineationsachse PQ nach dem Bobillierschen Satz mit BP denselben Winkel α, den auch die Polbahntangente mit AP einschließt, man findet demnach die Polbahntangente durch Abtragen des Winkels α (im richtigen Sinn!) an AP. Man ermittle sich weiter zu irgendeinem Punkt M des Hauptstrahles PM den Krümmungsmittelpunkt M_0. Die Verbindungslinie des Endpunktes von v_M mit M_0 schneidet auf der Polbahntangente die Polwechselgeschwindigkeit u ab, mit deren Hilfe man sofort auch den Wendepol W und den Wendekreis bestimmen kann. Alle Punkte des Wendekreises beschreiben in dem betrachteten Augenblick der Bewegung geradlinige Bahnelemente. Diese Punkte haben somit momentan keine Normal-, sondern lediglich eine Tangentialbeschleunigung. Der Pol P, als mit S_1 fest verbundener Punkt gedacht, hat, da er auf dem Wendekreis gelegen ist, ebenfalls nur eine

Tangentialbeschleunigung, welche in die Richtung der Polbahnnormalen fällt. P als Systempunkt hat momentan die Geschwindigkeit Null, auch aus diesem Grund muß die Normalbeschleunigung verschwinden. Die Polbeschleunigung b_P kann in folgender Weise konstruiert werden. Man suche zuerst b_M und mache die Strecke $PF = b_M$, an F trage man sich die Normalbeschleunigung $MN = HF$ an, welche sich bei der Relativdrehung von P gegen M ergibt. Lotet man H auf die Polbahnnormale, so ist die Strecke zwischen dem Fußpunkt und P die Polbeschleunigung b_P. Die Größe von b_P kann folgendermaßen berechnet werden. Die Bezeichnungen sind aus der Fig. 103 ersichtlich.

$$b_P = HF - GF ;$$

$$HF = MN = \frac{v_M^2}{r_1} ; \qquad GF = \frac{v_M^2}{r_1 + r_2} .$$

Nun ist

$$\frac{r_1 + r_2}{r_2} = \frac{v_M}{u} \qquad \text{oder} \qquad r_2 = \frac{u\,r_1}{v_M - u} ,$$

folglich

$$GF = \frac{v_M^2}{r_1 + \dfrac{u\,r_1}{v_M - u}} = \frac{v_M^2(v_M - u)}{r_1\,v_M} = \frac{v_M(v_M - u)}{r_1} ,$$

somit

$$b_P = \frac{v_M^2}{r_1} - \frac{v_M^2 - v_M \cdot u}{r_1} = \frac{v_M\,u}{r_1} ;$$

da

$$v_M = r_1 \cdot \mathrm{tg}\,\vartheta = r_1 \cdot \omega ,$$

so ist

$$\boldsymbol{b_P = u \cdot \omega} .$$

Die Größe der Polbeschleunigung ist gleich dem Produkt aus der Polwechselgeschwindigkeit und der Winkelgeschwindigkeit. Man konstruiert sich b_P am einfachsten wie in Fig. 103a angegeben, indem man auf dem einen Schenkel des Winkels ϑ u abträgt und im Endpunkt der Strecke auf diesen Schenkel das Lot fällt; das durch den Winkel ϑ auf demselben abgeschnittene Stück hat die Größe $\omega\,u$. (Man achte in der Gleichung $b_P = u \cdot \omega$ auch auf die Gleichheit der Dimensionen der beiderseitigen Größen.) Die Polbeschleunigung ist unabhängig von der Winkelbeschleunigung ε des Systems. (Wie ω für alle Bezugspunkte des Systems den gleichen Wert hat, so ist natürlich auch $\varepsilon = \dfrac{d\omega}{dt} = \mathrm{tg}\,\psi$ (Fig. 103) für das ganze System eine konstante Größe.)

Für die Polbeschleunigung $b_P = \omega \cdot u$ ist in Fig. 104 noch eine zweite Ableitung angegeben. Das System S_1 sei in zwei Lagen, welche um das Zeitteilchen dt auseinander liegen, betrachtet. P_1 und P_2 seien die beiden Momenten-pole. Die Strecke $P_1 P_2 = u\,dt$ (u = Polwechselgeschwindigkeit); ebenso groß ist die Strecke $P_2 P_1'$, welche für das unendlich kleine Zeitelement mit dem Bogen $P_2 P_1'$ der Gangpolbahn zusammenfällt. P_1' ist dabei der Systempunkt P_1 in der zweiten Lage. Das System S_1 dreht sich um den Pol P_2 mit der Winkelgeschwindigkeit $\omega + d\omega$, die Geschwindigkeit des Punktes P_1' ermittelt sich durch Antragen des Winkels $\vartheta + d\vartheta$, dessen Tangente $\omega + d\omega$ ist.

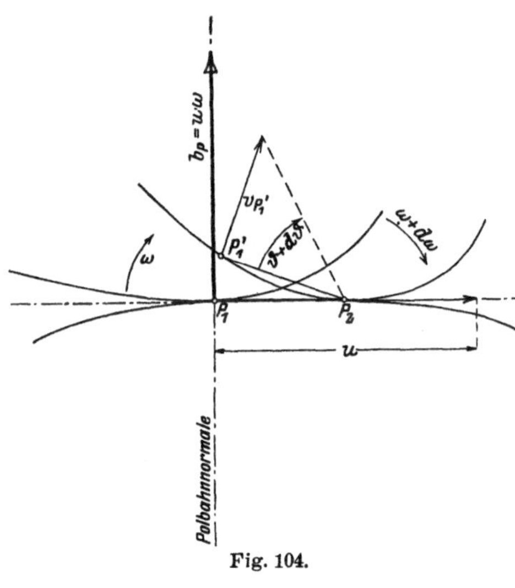

Fig. 104.

$$v_{P_1'} = P_1' P_2 \cdot \mathrm{tg}(\vartheta + d\vartheta) = u \cdot dt(\omega + d\omega).$$ Während der Zeit dt erfährt also der Punkt P_1 einen Geschwindigkeitszuwachs von 0 bis $u\,dt(\omega + d\omega)$, die Beschleunigung b_{P_1} ist somit $\dfrac{u\,dt(\omega + d\omega)}{dt}$.

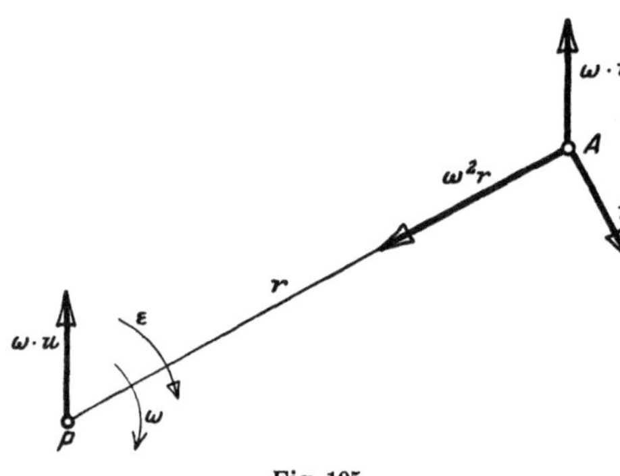

Fig. 105.

Oder
$$b_{P_1} = u(\omega + d\omega)$$
$$= u\,\omega + u\,d\omega.$$

Neben der endlichen Größe $u \cdot \omega$ verschwindet die unendlich kleine $u \cdot d\omega$, so daß $b_{P_1} = u \cdot \omega$ wird. Die Richtung von b_{P_1} fällt natürlich in die Polbahnnormale. In der Zeichnung ist die Richtung von $v_{P_1'}$ eine andere, da die Figur verzerrt dargestellt ist.

Konstruiert man, ausgehend vom momentanen Pol P, die Beschleunigung b_A irgendeines beliebigen Systempunktes A im Abstand r von P, so ist b_A die Resultierende aus den drei Komponenten

$$\omega u, \quad \omega^2 r \quad \text{und} \quad r\varepsilon \quad \text{(Fig. 105).}$$

Jener Punkt, für welchen die Resultierende aus $r\omega^2$ und $r\varepsilon$ gerade entgegengesetzt gleich ist ωu, hat in dem betrachteten Augenblick überhaupt keine Beschleunigung, das Bahnelement dieses Punktes ist geradlinig und wird mit gleichförmiger Geschwindigkeit durchlaufen.

Der Punkt heißt der Beschleunigungspol, er muß, da er keine Normalbeschleunigung besitzt, auf dem Wendekreis gelegen sein. Seine Lage
auf diesem Kreis bestimmt sich in der folgenden Weise. In Fig. 106
seien von dem bewegten System der Wendekreis, der Pol, die Winkel-
geschwindigkeit $\omega = \mathrm{tg}\,\vartheta$ und die Winkelbeschleunigung $\varepsilon = \mathrm{tg}\,\psi$ als
bekannt vorausgesetzt. Man bestimme sich nun für den beliebigen
Systempunkt A, ausgehend von P als Bezugspunkt, die drei Beschleu-

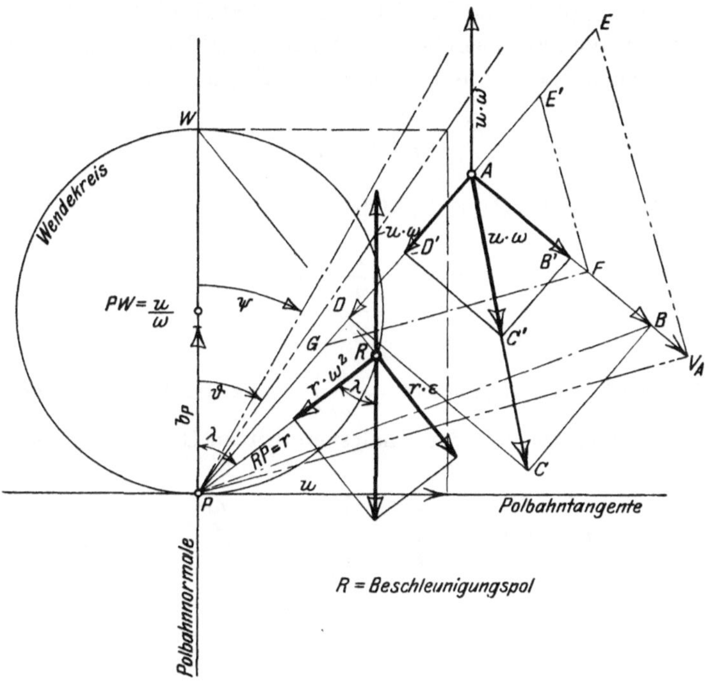

Fig. 106.

nigungskomponenten $u \cdot \omega$; $r_A \cdot \omega^2 = AD = AE$ und $r_A \cdot \varepsilon = AB$,
man suche sich weiter die Resultierende AC der Komponenten AD
und AB; da die Strecken AD und AB beide dem Abstand r_A proportional sind, und der Winkel DAB immer $90°$ ist, so ist das Rechteck
$ADCB$ dem entsprechenden Rechteck für jede andere Lage des
Punktes A ähnlich. Soll A in den Beschleunigungspol R übergehen,
so muß die Diagonale $AC = u \cdot \omega$ werden, man kann somit die Größe
des Rechteckes für den Beschleunigungspol sofort zeichnen, indem man
sich von A aus auf AC $u \cdot \omega$ abträgt und durch C' die Parallelen $C'B'$
und $C'D'$ zu CB und CD zieht. Macht man die Strecke $AE' = AD'$
und konstruiert durch E' da ˝zu $EV_A P$ ähnliche Dreieck $E'FG$, so

ist AG gleich dem Polabstand r des Beschleunigungspoles R. Von P aus trage man sich in den Wendekreis eine Sehne von der Länge GA ein, deren zweiter Endpunkt ist R. Man findet zwei Punkte R, von welchen als Beschleunigungspol nur einer in Betracht kommt, da für den andern die Resultierende aus $r\,\omega^2$ und $r\,\varepsilon$ wohl gleich $u \cdot \omega$, nicht aber der Polbeschleunigung entgegengesetzt gerichtet ist, wie es für den Beschleunigungspol sein muß.

Zur rechnerischen Ermittlung der Größe von r verbinde man R mit dem Wendepol W und bezeichne den Winkel WPR mit λ, dieser Winkel λ tritt auch auf zwischen der Normalbeschleunigung $r\,\omega^2$ von R und der Resultierenden aus $r\,\omega^2$ und $r\,\varepsilon$, demnach ist

$$\operatorname{tg}\lambda = \frac{\varepsilon}{\omega^2}\,.$$

Aus dem Dreieck WRP ergibt sich

$$\cos\lambda = \frac{r}{\dfrac{u}{\omega}} = \frac{r\,\omega}{u}$$

$\left(WP \text{ als Wendekreisdurchmesser} = \dfrac{u}{\omega}\right)$. Aus den beiden Gleichungen kann λ eliminiert und aus der erhaltenen dritten Gleichung r berechnet werden.

$$\cos\lambda = \sqrt{\frac{1}{1 + \operatorname{tg}^2\lambda}} = \sqrt{\frac{1}{1 + \dfrac{\varepsilon^2}{\omega^4}}} = \frac{\omega^2}{\sqrt{\omega^4 + \varepsilon^2}} = \frac{r \cdot \omega}{u}\,,$$

somit

$$r = \frac{\omega\,u}{\sqrt{\omega^4 + \varepsilon^2}}\,.$$

Ist die Winkelgeschwindigkeit ω konstant — ε also Null —, so gibt die Gleichung für r den Wert $\dfrac{u}{\omega}$, d. h. der Wendepol W wird zum Beschleunigungspol.

Wie der Wendekreis die Gesamtheit aller Systempunkte vorstellt, deren Normalbeschleunigungen momentan gleich Null sind, so läßt sich auch eine Kurve finden, deren Punkte im betrachteten Augenblick der Bewegung keine Tangentialbeschleunigungen besitzen.

Soll der Punkt B in Fig. 107 auf der Kurve gelegen sein, so muß die Resultierende BE aus $\omega\,u$ und $r_B \cdot \varepsilon$ in die Richtung von $r_B\,\omega^2$ oder BP fallen. Verlängert man $BD = r_B \cdot \varepsilon$ bis zum Schnitt Q mit der Polbahntangenten, so ist Dreieck PBQ ähnlich BEC wegen der Gleichheit der Dreieckswinkel. Die Seite BC entspricht QP. Da nun aber $BC = u\,\omega$ für alle Systempunkte konstant ist, so muß auch Strecke PQ für alle Punkte B, deren Tangentialbeschleunigung verschwindet, dieselbe Größe haben, und da überdies der Winkel PBQ ein rechter sein muß, so kann B nur auf dem Kreis über PQ gelegen sein. Alle Punkte B haben momentan ein Maximum oder Minimum ihrer Geschwindigkeit, d. h. die Tangentialbeschleunigung wechselt gerade ihre Richtung; man nennt deshalb den Kreis über PQ den Wechselkreis.

Der Beschleunigungspol muß natürlich auf dem Wechselkreis gelegen sein. Die Punkte QR und der Wendepol W liegen auf einer Geraden. Die Richtung PR bildet mit der Polbahnnormalen den-

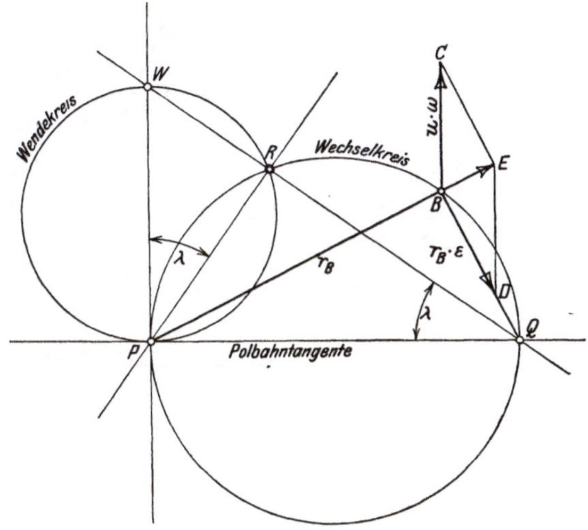

Fig. 107.

selben Winkel λ, den auch die Verbindungslinie WR mit der Polbahnnormalen einschließt. Wende- und Wechselkreis heißen beide zusammen auch die Bresseschen Kreise. Im momentanen Pol schneiden sich beide Kreise rechtwinklig, der zweite Schnittpunkt ist der Beschleunigungspol R.

Der Durchmesser $PQ = d$ des Wechselkreises kann aus u, ω und ε leicht berechnet werden. Aus Dreieck PQR in Fig. 107 ist

$$(1) \qquad \sin\lambda = \frac{RP}{d} = \frac{\omega\,u}{d\sqrt{\omega^4 + \varepsilon^2}}\,.$$

Aus Dreieck PRW folgt

$$(2) \qquad \cos\lambda = \frac{RP}{PW} = \frac{\omega\,u}{\sqrt{\omega^4 + \varepsilon^2}} \cdot \frac{\omega}{u}\,.$$

Die Summe der Quadrate der Gleichungen (1) und (2) ergibt:

$$1 = \frac{\omega^2 u^2}{d^2(\omega^4 + \varepsilon^2)} + \frac{\omega^4}{\omega^4 + \varepsilon^2} = \frac{\omega^2 u^2 + d^2 \omega^4}{d^2(\omega^4 + \varepsilon^2)}$$

oder

$$d^2 \omega^4 + d^2 \varepsilon^2 = \omega^2 u^2 + d^2 \omega^4 \,,$$

$$d = \frac{\omega u}{\varepsilon}\,.$$

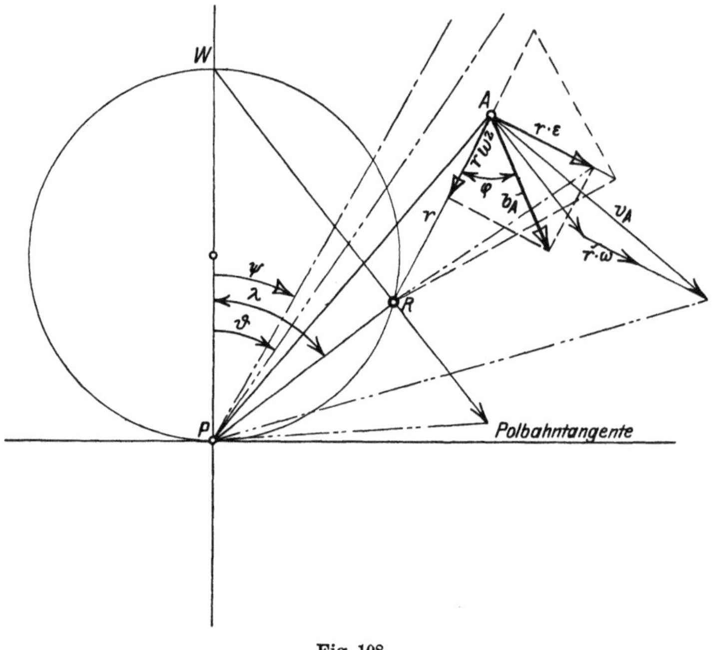

Fig. 108.

Ausgehend von dem Beschleunigungspol lassen sich die Beschleunigungen sämtlicher Systempunkte aus zwei Komponenten ermitteln. Hat Punkt A (Fig. 108) den Abstand r von R, so ist b_A gleich der Beschleunigung, welche der Relativbewegung von A gegen R entspricht, somit

$$b_A = r\,\omega^2 + r\,\varepsilon\,.$$

Der Winkel φ, den b_A mit r bildet, ist ebenso groß wie λ, wie der Winkel zwischen PR und der Polbahnnormalen. Zum Beweise bestimme man sich die Tangente von λ aus Dreieck WPR.

$$\cos\lambda = \frac{\omega^2}{\sqrt{\omega^4 + \varepsilon^2}} \quad \text{[siehe obige Gleichung (2)].}$$

Hieraus

$$\operatorname{tg}\lambda = \frac{\sqrt{1-\cos^2\lambda}}{\cos\lambda} = \frac{\varepsilon\sqrt{\omega^4+\varepsilon^2}}{\omega^2\sqrt{\omega^4+\varepsilon^2}} = \frac{\varepsilon}{\omega^2}.$$

Da auch

$$\operatorname{tg}\varphi = \frac{r\,\varepsilon}{r\cdot\omega^2} = \frac{\varepsilon}{\omega^2}, \quad \text{so ist} \quad \sphericalangle\lambda = \sphericalangle\varphi.$$

Dieser Winkel φ ist für alle Systempunkte konstant, außerdem ist die Größe von b_A direkt proportional dem Abstande r; $b_A = r\sqrt{\omega^4+\varepsilon^2}$. Der Winkel φ kann wegen der Existenz der Normalbeschleunigung $r\,\omega^2$, welche stets gegen R hin gerichtet ist, nicht größer als $90°$ werden. Die Beschleunigungen von Punkten auf einem Kreis um R haben alle die gleiche Größe. Auf Strahlen durch den Beschleunigungspol sind die Beschleunigungen einander parallel. Aus dem Umstand, daß die Beschleunigung eines beliebigen Punktes dem Abstand von R proportional ist und mit dem Fahrstrahl nach R den konstanten Winkel φ bildet, geht unmittelbar hervor, daß die Endpunkte der Beschleunigungen eine der bewegten Figur ähnliche Figur bilden müssen. So ist in Fig. 109

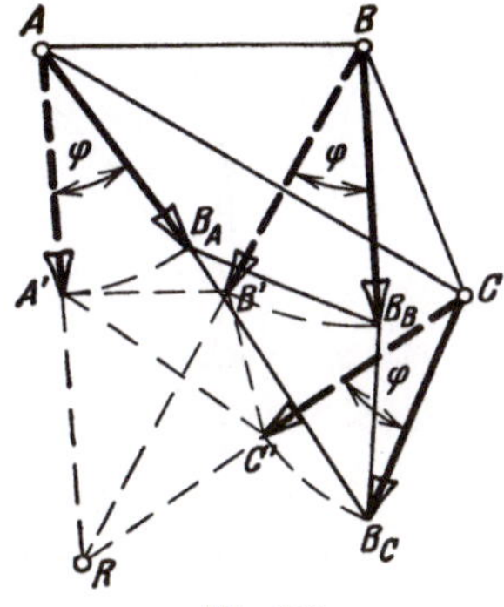

Fig. 109.

$$\triangle ABC \sim \triangle B_A B_B B_C.$$

Analog den lotrechten Geschwindigkeiten kann man auch mit lotrechten Beschleunigungen arbeiten, indem man die Vektoren b_A, b_B und b_C um den Winkel φ in die entsprechenden Verbindungsstrahlen mit dem Beschleunigungspol dreht; man erhält dann genau wie bei den lotrechten Geschwindigkeiten das Dreieck $A'B'C'$, welches dem in der bewegten Ebene gezeichneten Dreieck ähnlich ist und zu diesem ähnlich liegt. Das Ähnlichkeitszentrum ist der Beschleunigungspol R. Besonders hervorgehoben soll noch werden, daß die Endpunkte der Beschleunigungen von Punkten auf einer starren Geraden wieder auf einer Geraden gelegen sind, die Endpunkte der lotrechten Beschleunigungen liegen auf einer Parallelen zur bewegten Geraden.

Die Beschleunigung des Poles P fällt in die Richtung der Polbahnnormale (siehe Fig. 106), das gleiche gilt von jedem Punkte der Verbindungslinie PR. Die Beschleunigungen aller Punkte der Geraden WR sind der Polbahntangente parallel. In vielen praktischen Fällen sind der Wendekreis K und die Richtungen α und β der Beschleunigungen von zwei Punkten A und B des bewegten Systems bekannt (Fig. 110). Der Beschleunigungspol R kann auf folgende Weise ermittelt werden. R muß auf dem Wendekreis liegen, und die beiden

Richtungen AR und BR müssen mit α bzw. β den gleichen Winkel φ bilden. Bezeichnet man den Schnitt von α und β mit C, so ergänzen sich in dem Viereck $ACBR$ die Winkel bei A und B zu $180°$; $ACBR$ ist somit ein Kreisviereck. Den umschriebenen Kreis kann man sich sofort konstruieren durch Zeichnen der beiden Mittelsenkrechten zu AC und BC, welche sich im Mittelpunkt M schneiden; dieser Kreis um M schneidet K in den beiden Punkten R und R'. Es gibt natürlich für das bewegte System nur einen Beschleunigungspol; welcher von

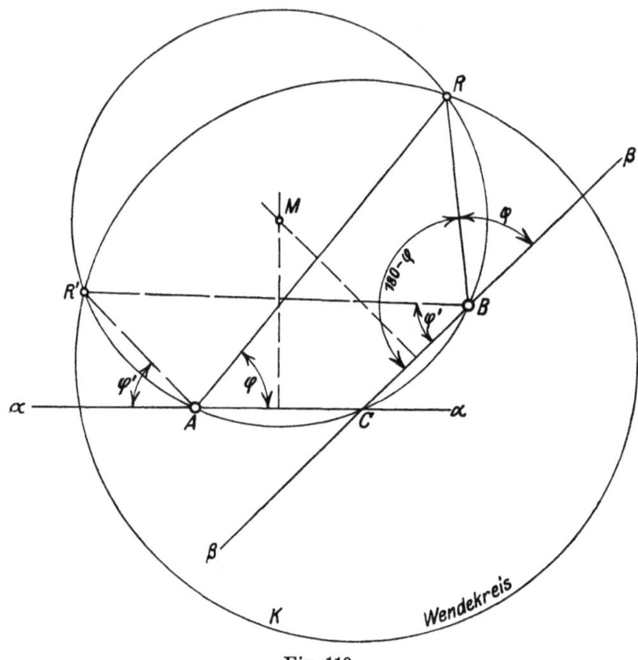

Fig. 110.

den beiden Punkten R und R' in Betracht kommt, muß in jedem einzelnen Fall untersucht werden.

Sind die Beschleunigungen zweier Systempunkte gegeben, so können die Beschleunigungen weiterer Punkte am einfachsten mit Hilfe des Satzes konstruiert werden, daß die Endpunkte der Beschleunigungen eine der bewegten Figur ähnliche Figur bilden müssen. In Fig. 111 sei BB_0 die Beschleunigung des mit gleichförmiger Winkelgeschwindigkeit $\omega = 1$ rotierenden Kurbelzapfens. Die Beschleunigung b_C des mit der Schubstange AB fest verbundenen Punktes sei zu bestimmen. $b_A = AB_A$ ergibt sich nach der in Fig. 99 entwickelten Konstruktion. Zur Ermittlung des Punktes B_C konstruiere man über $B_A B_B$ das Dreieck $B_A B_B B_C$ ähnlich zu Dreieck ABC. $CB_C = b_C$ ist die Beschleunigung von C.

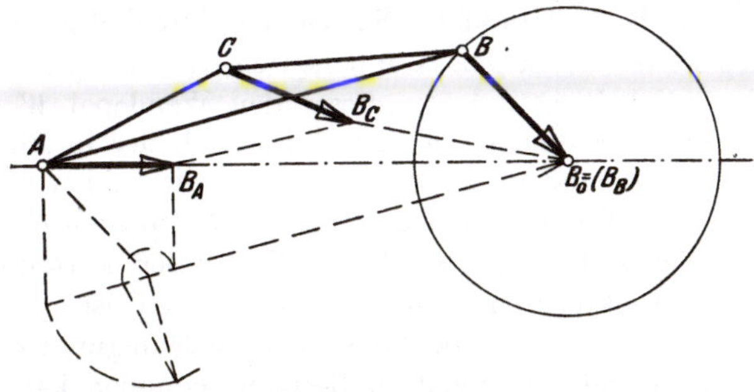

Fig. 111.

§ 31. Konstruktion des Beschleunigungspols und des Wechselkreises für das allgemeine Kurbelgetriebe.

In Fig. 112 ist ein allgemeines Kurbelgetriebe $A_0 B_0 B A$ in seiner augenblicklichen Lage gezeichnet, v_B und b_B sind gegeben (b_B derart,

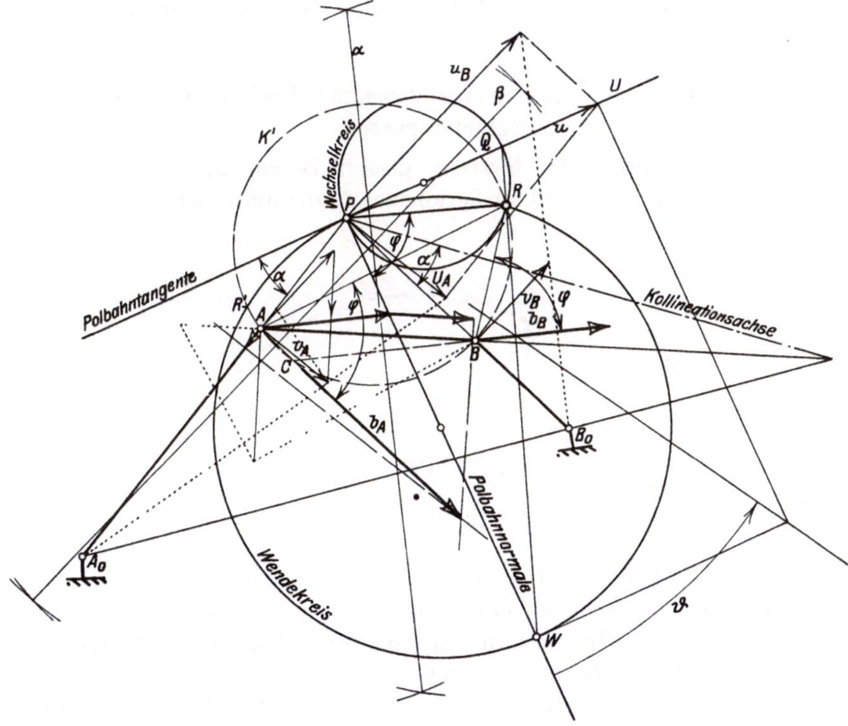

Fig. 112.

daß die Projektion auf $BB_0 = \dfrac{v_B^2}{BB_0}$). Die Kollineationsachse der

Punkte A und B ist die Verbindungslinie des Poles mit dem Schnitt der Geraden AB und $A_0 B_0$. Durch Abtragen des Winkels α findet man mittels des Bobillierschen Satzes die Polbahntangente. Man bestimme sich weiter die beiden Komponenten u_A und u_B und die Polwechselgeschwindigkeit u und aus dieser den Wendepol W und den Wendekreis. Die Beschleunigung von A ist nach der in Fig. 97 entwickelten Methode gefunden. Da von v_B und v_A die beiden Richtungen bekannt sind, so muß der Beschleunigungspol R auf dem durch A, B und C (siehe Fig. 110) gehenden Kreis K', dessen Mittelpunkt der Schnitt der Mittelsenkrechten α und β zu BC und AC ist, gelegen sein. Dieser Kreis schneidet den Wendekreis im Beschleunigungspol R; daß der zweite Schnittpunkt R' nicht in Betracht kommen kann, ersieht man daraus, daß die Projektion von b_A auf AR' von R' weggerichtet ist, dies ist unmöglich, da die Normalbeschleunigung stets auf den Beschleunigungspol hinzeigen muß. RW schneidet die Polbahntangente in Q. PQ ist der Durchmesser des Wechselkreises. Für die Richtigkeit der Konstruktion hat man darin eine Kontrolle, daß die drei in der Figur mit φ bezeichneten Winkel einander gleich sein müssen.

§ 32. Das Subnormalen-Verfahren zur Bestimmung der Beschleunigungen.

Sehr häufig führt das System, dessen Beschleunigungen zu ermitteln sind, eine einfache Translationsbewegung auf einer geradlinigen

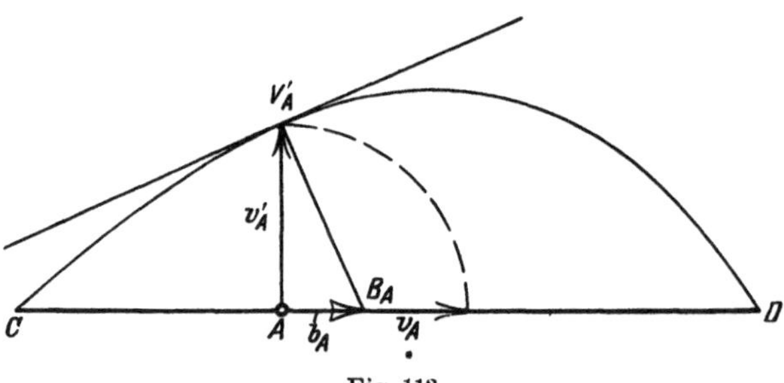

Fig. 113.

Bahn aus. Sämtliche Punkte des bewegten Gliedes (z. B. das Ventil einer Steuerung, ein Schieber oder eine Hülse, welche auf einer geraden Führung gleitet usf.) haben dann in demselben Augenblick die gleiche Geschwindigkeit und Beschleunigung.

In Fig. 113 sei A ein Punkt eines solchen Gliedes, seine Bahn sei die Gerade CD; trägt man sich in jeder Lage von A dessen lotrechte Geschwindigkeit auf, so bilden alle Endpunkte V'_A die Kurve $CV'_A D$, das Geschwindigkeitsdiagramm von A.

Die Beschleunigung b_A ist nun gleich $\dfrac{dv_A}{dt}$.

Oder da
$$v_A = \frac{ds}{dt} \; ; \qquad b_A = v_A \cdot \frac{dv_A}{ds} = v'_A \frac{dv'_A}{ds} \, .$$

$v'_A \dfrac{dv'_A}{ds}$ ist die Subtangente der Kurve $C V'_A D$.

Man kann sich die Beschleunigung von A demnach dadurch konstruieren, daß man an das Geschwindigkeitsdiagramm in V'_A die Tangente zieht und zu dieser die Normale zeichnet, deren Subnormale $A B_A$ die Beschleunigung von A ist.

In Fig. 114 seien T_1 und T_2 die beiden Totlagen eines Schiebers. Die Schubstange sei im Verhältnis zur Exzentrizität so groß, daß sie

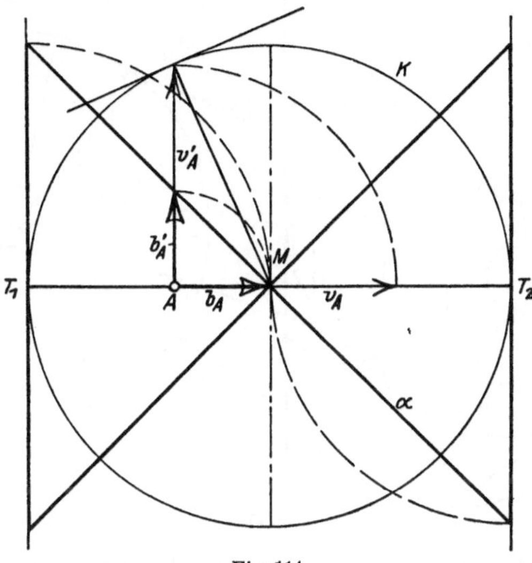

Fig. 114.

als unendlich lang angesehen werden kann, das Geschwindigkeitsdiagramm des Schiebers ist dann der Kreis K über $T_1 T_2$, alle Normalen gehen durch den Mittelpunkt M. Die Strecke AM ist also die Subnormale oder die Beschleunigung; trägt man sich die Beschleunigungen senkrecht zu $T_1 T_2$ auf, so erhält man die Gerade α als das Beschleunigungsdiagramm der Bewegung.

In den seltensten Fällen läßt sich die Tangente an das Geschwindigkeitsdiagramm auf einfache Weise finden. Man hilft sich dann dadurch, daß man das Geschwindigkeitsdiagramm sehr genau zeichnet und die Tangenten nach dem Augenmaß an die Kurven zieht. Die so erhaltene Beschleunigung ist natürlich nur angenähert richtig. In Fig. 115 ist für ein gewöhnliches Kurbelgetriebe $A B B_0$ die Kreuzkopfbeschleunigung durch dieses Subnormalenverfahren ermittelt, dabei ist für die Ausgangslage $A B B_0$ die Beschleunigung durch die genaue Konstruktion kontrolliert worden. In den beiden Totlagen kann man durch Ziehen der Tangente nicht die Beschleunigung finden. Das Subnormalenverfahren wird man bei einem Kurbelgetriebe nie anwenden, da man hier die Beschleunigung genau konstruieren kann, das Beispiel ist nur gewählt, um die Art der Anwendung zu zeigen. Das Subnormalenverfahren wird benutzt, wenn es nur auf eine ungefähre Bestimmung der auftretenden Beschleunigungen ankommt, und auch dann, wenn man sich überzeugen will, ob ein Beschleunigungsdiagramm, das man auf irgendeine Weise gefunden hat, richtig sein kann; man hat dann in dem Subnormalenverfahren eine ungefähre Kontrolle.

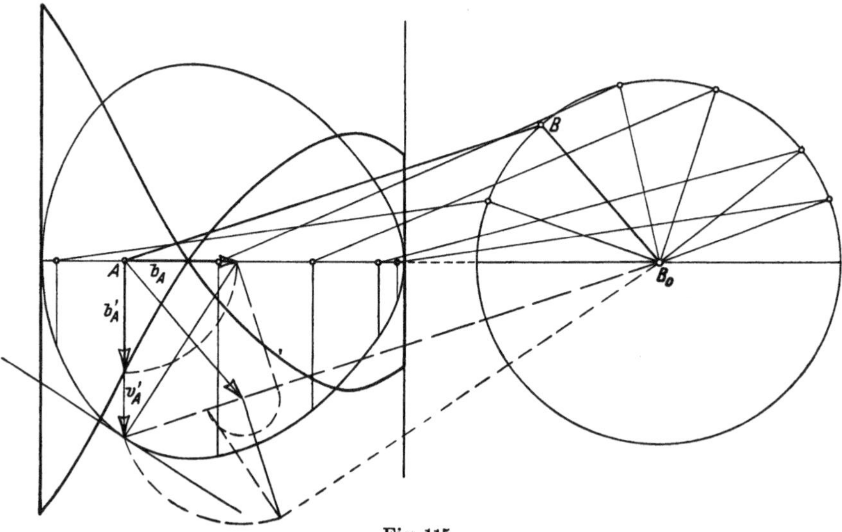

Fig. 115.

§ 33. Zusammensetzung der Relativbeschleunigungen.

In Fig. 116 bewege sich ein Punkt A relativ zum System S_1 auf der Kurve W, die Geschwindigkeit v'_A und die Beschleunigung b'_A gegen S_1 seien bekannt. Das System S_1 soll gegen das ruhende System S_0 eine Parallelverschiebung erfahren mit der Geschwindigkeit v und der Beschleunigung b in dem betrachteten Augenblick. Die absolute Geschwindigkeit v_A von A ist die geometrische Summe aus v und v'_A; die relative Geschwindigkeit des Punktes V_A gegen A ist die absolute Beschleunigung von A. Man denke sich nun während der Bewegung des Punktes A in jeder Lage desselben das Dreieck $A V'_A V_A$ gezeichnet. Die Geschwindigkeit c, mit welcher der Punkt V'_A seine Lage ändert, ist offenbar die geometrische Summe aus v_A und b'_A. Da das System S_1 gegen S_0 nur eine Parallelverschiebung ausführt, so bleibt die Strecke $V'_A V_A$ während der Bewegung sich stets parallel. Die Geschwindigkeit z, mit welcher sich V_A bewegt, ist daher gleich c plus der Komponenten b. Subtrahiert man von z die Geschwindigkeit v_A von A, so ist die Differenz die Geschwindigkeit, mit welcher sich V_A gegen A bewegt oder die absolute Beschleunigung von A. Aus der Fig. 116 ist ersichtlich, daß $b_A = b'_A + b$, d. h. die absolute Beschleunigung von A ergibt sich nach dem Parallelogrammgesetz aus den Relativbeschleunigungen. Diese Konstruktion gilt nicht mehr, wenn S_1 gegen S_0 sich beliebig bewegt, es treten dann Zusatzbeschleunigungen auf, welche in den folgenden Abhandlungen aufgesucht werden sollen.

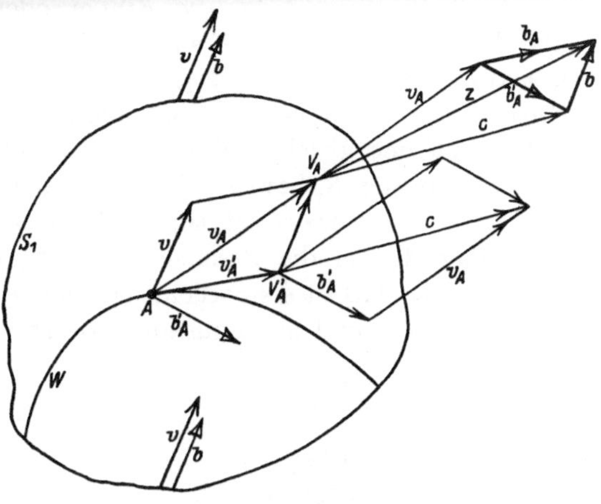

Fig. 116.

Das System S_1 soll zunächst nur eine gleichförmige Rotation um den festen Punkt A_0 (Fig. 117) mit der Winkelgeschwindigkeit ω ausführen. Die Bahn des Punktes A in S_1 sei die

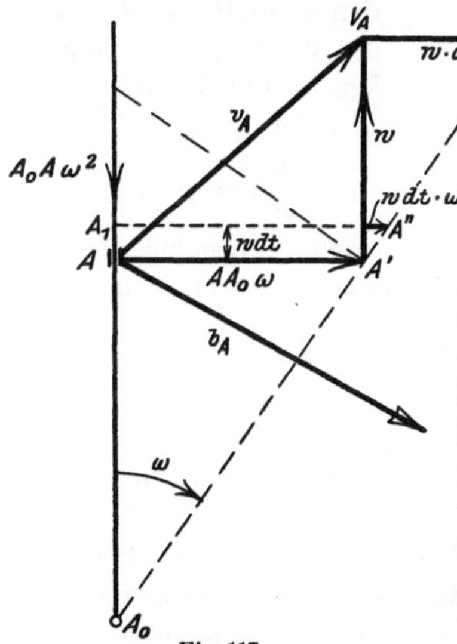

Fig. 117.

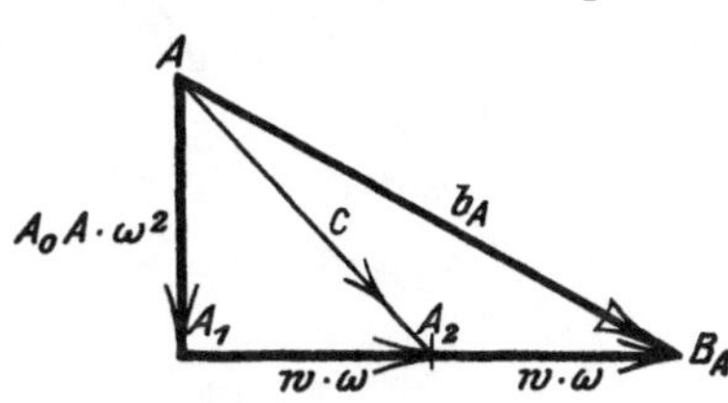

Fig. 118.

Gerade $A_0 A$, welche von dem Punkt A mit der konstanten Geschwindigkeit w durchlaufen wird. A als Punkt des Systems S_1 hat die Geschwindigkeit $A A_0 \omega$. Addiert man hierzu w, so erhält man in der Resultierenden die Absolutgeschwindigkeit v_A des bewegten Punktes. Die Beschleunigung b_A ist auch hier gleich der Relativgeschwindigkeit des Punktes V_A gegen A. Die Geschwindigkeit des Punktes A' in Fig. 117 gegen A setzt sich zusammen aus der Beschleunigung $A_0 A \cdot \omega^2$ von A als Punkt des Systems S_1 (Fig. 118) und einer zweiten Komponenten in Richtung von $A A'$, welche angibt, mit welcher Geschwindigkeit die Strecke $A A'$ ihre Größe ändert. Diese Komponente läßt sich folgendermaßen bestimmen. A' bewegt sich relativ zu S_1 auf der Geraden $A_0 A'$.

Nach dem Zeitelement dt befindet sich A in A_1 und A' in A''; die Strecke $A_1 A''$ ist wie $A A'$ senkrecht zu $A_0 A$. $A A_1$ hat die Größe $w\,dt$, somit ist $A_1 A'' = (A A_0 + w \cdot dt) \cdot \omega$ oder $A_1 A'' - A A' = w\,dt \cdot \omega$. Die Geschwindigkeit von A' auf $A A'$ ist demnach $w \cdot \omega$ und die Relativgeschwindigkeit c von A_1 gegen $A = A_0 A\,\omega^2 + w \cdot \omega$ (Fig. 118). Die Strecke $A' V_A = w$ ist jederzeit parallel zu $A_0 A$. $A' V_A$ dreht sich daher mit der gleichen Winkelgeschwindigkeit ω, mit welcher sich auch das System S_1 bewegt. V_A hat deshalb gegen A' die Geschwindigkeit $w \cdot \omega$; $c + w \cdot \omega$ ist somit die Relativgeschwindigkeit von V_A gegenüber A oder die Beschleunigung b_A von A.

Aus Fig. 118 ist ersichtlich, daß sich b_A aus den drei Komponenten $A_0 A\,\omega^2$, $w \cdot \omega$ und $w \cdot \omega$ zusammensetzt. Die beiden letzten einander gleichen Komponenten heißen die Zusatzbeschleunigungen oder die Coriolisbeschleunigung.

In der Fig. 119 ist die Gerade $\alpha\,\alpha$, auf welcher A gleiten soll, im System S_1, das sich um den festen Punkt A_0 mit der Winkelgeschwindigkeit ω und der Winkelbeschleunigung

$$\frac{d\omega}{dt}\,(= \operatorname{tg}\psi)$$

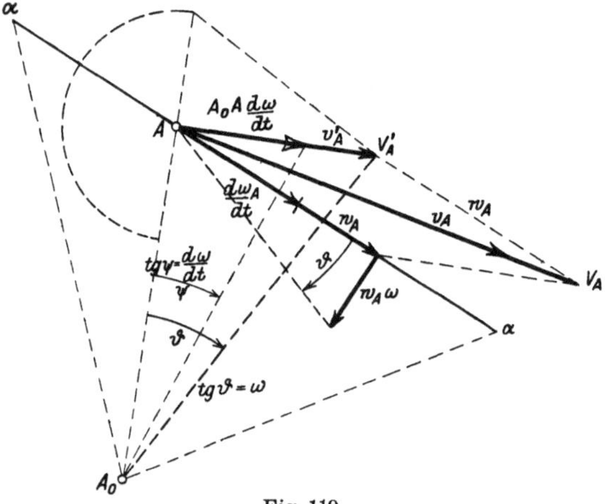

Fig. 119.

dreht, beliebig angenommen. Die Geschwindigkeit von A auf α sei w_A. A erfahre außerdem in Richtung von α die Beschleunigung $\dfrac{d w_A}{dt}$.

Die absolute Geschwindigkeit v_A des Punktes A ergibt sich wieder als die Resultierende aus der Geschwindigkeit $A_0 A \cdot \omega = A V'_A = v'_A$ des mit A augenblicklich zusammenfallenden Punktes des Systems S_1 und der Relativgeschwindigkeit w_A von A auf $\alpha\,\alpha$. Die absolute Beschleunigung von A ist wie oben die Differenz der Geschwindigkeiten der Punkte V_A und A. Diese setzt sich zusammen aus der Geschwindigkeit von V'_A gegen A und von V_A gegen V'_A. Die Komponenten der Geschwindigkeit von V'_A gegenüber A sind $A A_1 = v'_A \cdot \omega$ (siehe Fig. 120) parallel zu $A_0 A$, $A_1 A_2 = A_0 A \cdot \dfrac{d\omega}{dt}$, senkrecht zu $A_0 A$ und $A_2 A_3 = w_A \cdot \omega$ senkrecht zu α. Diese dritte Komponente entsteht infolge der Relativbewegung von A auf $\alpha\,\alpha$; zur Erläuterung diene die Fig. 122. Der mit dem System S_1 zusammenfallende Punkt A

gelangt nach dem Zeitelement dt in die Lage A_1. AV'_A geht dabei über in $A_1V''_A = A_0A_1(\omega + d\omega) = A_0A_1\,\mathrm{tg}\,(\vartheta + d\vartheta)$. Infolge der

Relativbewegung von A auf $\alpha\,\alpha$ kommt A nach der Zeit dt nicht nach A_1, sondern nach A_2, wobei die Strecke

$$A_1A_2 = w_A \cdot dt$$

ist. Der Punkt V''_A nimmt jetzt die Lage V'''_A ein, dabei ist

$$A_2V'''_A = A_0A_2(\omega + d\omega).$$

Subtrahiert man von dem Vektor $A_2V'''_A$ den Vektor $A_1V''_A$, so be-

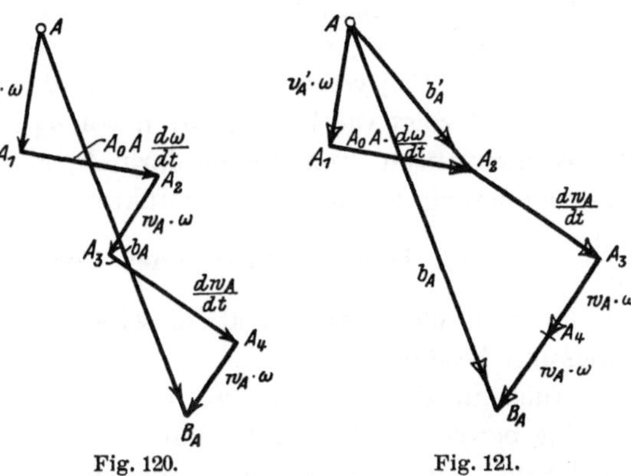

Fig. 120. Fig. 121.

kommt man in $V''_A C$ (Fig. 122) die Geschwindigkeitskomponente in der Zeit dt, welche V'_A infolge der Relativbewegung von A auf α erfährt. Nun

ist das Dreieck $A_1V''_A C$ ähnlich $A_0A_1A_2 \left(\dfrac{A_1V''_A}{A_1C} = \dfrac{A_0A_1}{A_0A_2} \right.$, außerdem

$A_1V''_A \perp A_0A_1$ und $\left. A_1C \perp A_0A_2 \right)$, somit ist

$$\frac{V''_A C}{A_1A_2} = \frac{A_1V''_A}{A_0A} = \omega + d\omega$$

oder

$$V''_A C = w_A\,dt(\omega + d\omega) = w_A\,dt \cdot \omega.$$

Die obige dritte Komponente ist somit $= w_A \cdot \omega$. Da in den beiden ähnlichen Dreiecken zwei entsprechende Seiten aufeinander senkrecht stehen, so sind auch die dritten Seiten senkrecht zueinander, $w_A \cdot \omega$ ist also senkrecht gerichtet zu w_A. Man achte auch auf den Pfeil von $w_A \cdot \omega$. Dreht man den Vektor w_A um seinen Anfangspunkt um $90°$ im Sinne der Winkelgeschwindigkeit ω,

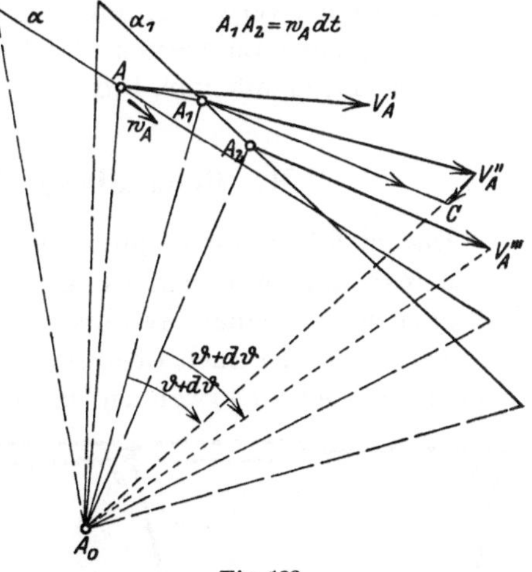

Fig. 122.

so erhält man die Richtung und den Richtungssinn von $w_A \cdot \omega$.

In der Fig. 119 ist jetzt die Geschwindigkeit von V'_A gefunden, sie ist in Fig. 120 gleich der Strecke AA_3. Die Strecke $V'_A V_A$ in Fig. 119 ist jederzeit parallel α, die Relativgeschwindigkeit von V_A gegen V'_A setzt sich zusammen aus $\dfrac{dw_A}{dt}$ (diese Komponente gibt an, mit welcher Geschwindigkeit $V'_A V_A$ die Größe ändert) und $w_A \cdot \omega$ (diese Komponente entsteht durch die Drehung der Strecke $V'_A V_A$ mit der Winkelgeschwindigkeit ω). Addiert man in Fig. 120 diese Geschwindigkeit des Punktes V_A gegen V'_A zu $A A_3$, so erhält man in der Schlußlinie $A B_A$ des Polyyons $A A_1 A_2 A_3 A_4 B_A$ die Beschleunigung b_A von A. Die Fig. 121 zeigt die Konstruktion von b_A in anderer Aufeinanderfolge der Komponenten, man findet darin b_A als die Resultierende aus der Beschleunigung b'_A des Systempunktes A, der Relativbeschleunigung $\dfrac{d w_A}{d t}$ und den beiden Zusatz- oder Coriolisbeschleunigungen $w_A \cdot \omega$, welche beide gleich groß sind, dieselbe Richtung und denselben Richtungssinn besitzen.

Auch in dem allgemeinsten Falle, in welchem das System S_1 beliebig bewegt wird, und der Punkt A relativ zu S_1 irgendwelche Bahn beschreibt, findet man die Beschleunigung b_A als die geometrische Summe aus der Beschleunigung des momentan mit S_1 zusammenfallenden Punktes, der Relativbeschleunigung von A gegen S_1 (welche im allgemeinen eine von w_A verschiedene Richtung hat) und der Coriolisbeschleunigung gleich $2 w_A \cdot \omega$, deren Richtung man bekommt, indem man den die Relativgeschwindigkeit w_A darstellenden Vektor um $90°$ im Sinne von ω dreht.

Es sei noch verwiesen auf eine analytische Ableitung der Coriolisbeschleunigungen im vierten Band „Dynamik“ der Vorlesungen über technische Mechanik von Prof. Dr. Föppl.

B. Behandlung einiger Getriebe.

Die im folgenden besprochenen Beispiele sollen zeigen, in welcher Weise man am zweckmäßigsten vorgeht, um die Beschleunigungsverhältnisse der einzelnen Systeme gegebener Mechanismen zu ermitteln. Es wird sich dabei auch Gelegenheit bieten, eine Reihe von besonderen Konstruktionen zu erwähnen, denen eine allgemeinere Bedeutung zukommt, welche sich aber an einem speziellen Fall am besten verständlich machen lassen.

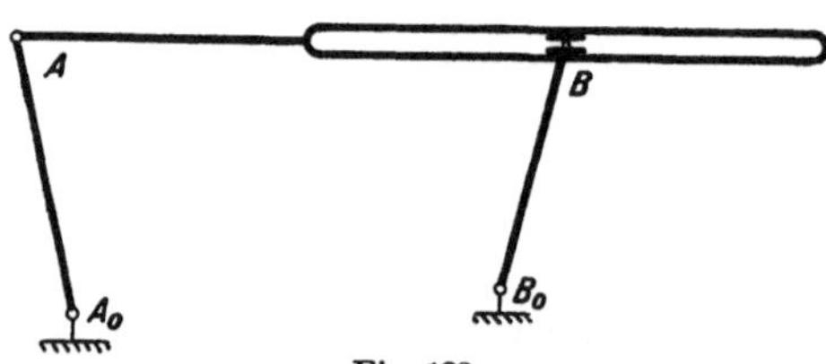

Fig. 123.

§ 34. Getriebe mit geradliniger Kulisse.

Der Endpunkt B der Schwinge $B_0 B$, die sich um B_0 dreht, gleite vermittels eines Führungsstückes, Stein genannt, in einem Schlitz der Geraden $A B$ (siehe Fig. 123). Der Punkt A des Gliedes $A B$ ist mittels des Armes $A_0 A$ an den festen Punkt A_0 angelenkt. Glied $A B$

heißt die Kulisse; damit ihre Bewegung eindeutig bestimmt ist, müssen
die Bewegungsverhältnisse zweier Punkte des Getriebes bekannt sein.
Es seien v_A, b_A und v_B, b_B (B als Punkt der Stange AB) gegeben, die
Beschleunigungen des durch die Kulisse dargestellten bewegten Systems
sind zu ermitteln. Die Geschwindigkeit von B als Endpunkt von BB_0
ist v_B; zeichnet man sich durch den Punkt V_B ($BV_B = v_B$) die Parallele
zu AB (Fig. 124), so muß auf dieser der Endpunkt der Geschwindigkeit v_B' des Kulissenpunktes B gelegen sein, andererseits setzt sich v_B'
aus v_A und einer Komponenten u_B senkrecht zu AB zusammen.
Die durch den Endpunkt B_1 des in B angetragenen Vektors v_A zu
AB gezogene Senkrechte schneidet die zu AB durch V_B gehende
Parallele in B_2. $B_2 B = v_B'$. Die Strecke $B_1 B_2$ ist die Geschwin-

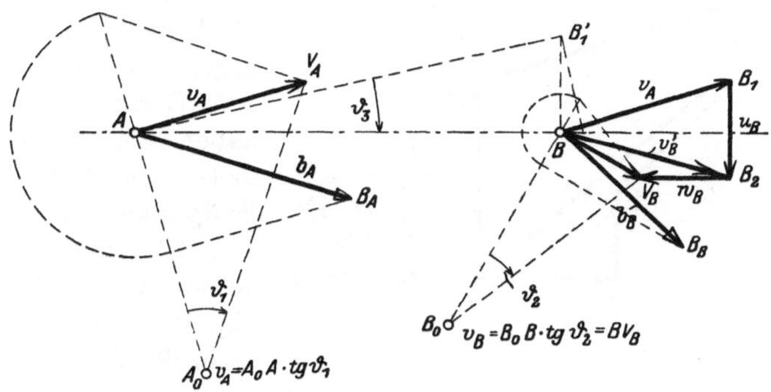

Fig. 124.

digkeit, mit welcher sich B gegen A dreht; trägt man sich in B
die Strecke $B_1 B_2 = BB_1'$ senkrecht zu AB an, so ist die Tangente
des Winkels $B_1' AB = \vartheta_3$ die Winkelgeschwindigkeit ω_3 der Kulisse.
$V_B B_2 = w_B$ gibt die Relativgeschwindigkeit des Steines gegenüber
der Kulisse.

Die Beschleunigung b_B des Punktes B, der sich relativ gegen die
Kulisse mit der Geschwindigkeit w_B bewegt, setzt sich aus den folgenden
Komponenten zusammen (siehe Fig. 125):

1. aus der Beschleunigung des Punktes A $\quad b_A = BB_1$,

2. aus der Normalbeschleunigung $\qquad B_1 B_2 = AB\,\omega_3^2 = \dfrac{u_B^2}{AB}$,

3. aus der Tangentialbeschleunigung $\quad B_2 B_3 = AB\,\varepsilon_3$, worin ε
    gleich $\dfrac{d\omega_3}{dt}$,

4. aus der Relativbeschleunigung $\qquad B_3 B_4 = \dfrac{dw_B}{dt}$,

5. aus der Coriolisbeschleunigung $\qquad B_4 B_B = 2\,w_B \cdot \omega_3$.

Von diesen Komponenten sind 3 und 4 ihrer Größe nach noch unbekannt. Man kann nun aber, von B ausgehend, in Fig. 125 in dem Polygon $BB_1B_2B_3B_4B_B$ die beiden Punkte B_2 und B_4 sofort finden; zeichnet man durch B_4 die Parallele und durch B_2 die Senkrechte zu AB, so hat man in dem Schnitt dieser beiden Richtungen den Punkt B_3 und damit kennt man auch die Komponenten Nr. 3 und 4. Der Vektor BB_3 ist die Beschleunigung des Kulissenpunktes B. Damit ist der ganze Beschleunigungszustand der Kulisse bekannt.

Der in dem Schlitz entlang gleitende Stein bildet für sich wieder ein bewegtes System, man kennt in diesem die Bewegungsverhältnisse von einem Punkt, nämlich von B. Die Beschleunigung b_C eines zweiten

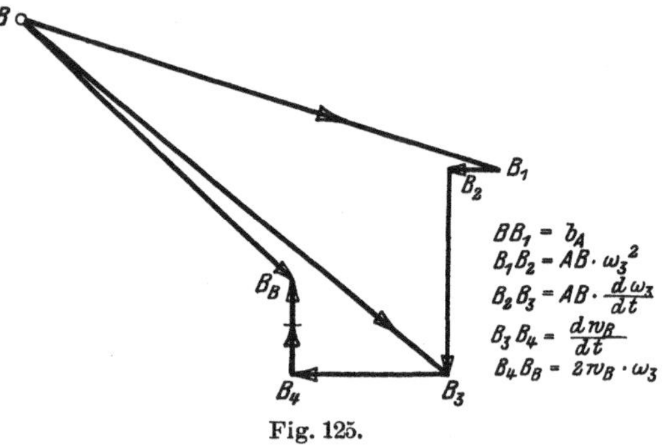

Fig. 125.

Punktes C des Steines läßt sich leicht ermitteln. C bewegt sich relativ gegen die Kulisse auf einer Geraden, man findet daher als ersten geometrischen Ort für den Endpunkt von b_C eine Parallele zur Kulissenachse. Aus der Beschleunigung b_B konstruiert man b_C in der Weise, daß man

$$BB_1 = b_A$$
$$B_1B_2 = AB \cdot \omega_3{}^2$$
$$B_2B_3 = AB \cdot \frac{d\omega_3}{dt}$$
$$B_3B_4 = \frac{dw_B}{dt}$$
$$B_4B_B = 2w_B \cdot \omega_3$$

zu b_B die Normalbeschleunigung, welche durch die Relativbewegung (mit der Winkelgeschwindigkeit ω_3) von C gegen B entsteht, geometrisch addiert und zu dem so erhaltenen Vektor eine Komponente senkrecht zu BC hinzufügt, von dieser kennt man nur die Richtung. Diese schneidet die oben gefundene Parallele in dem Endpunkt der Beschleunigung von C.

§ 35. Getriebe mit krummliniger Kulisse.

In Fig. 126 ist das Getriebe A_0ABB_0 genau das gleiche wie oben, nur ist die Kulisse kreisförmig angenommen. Der Kreismittelpunkt fällt in der augenblicklich gezeichneten Lage nach C. Der Beschleunigungszustand der Kulisse ist zu bestimmen, wenn vorausgesetzt wird, daß A mit der Geschwindigkeit v_A gleichförmig um A_0 rotiert und daß die Schwinge B_0B dauernd festgehalten sei, so daß v_B und b_B gleich Null sind. Der momentan mit B zusammenfallende Punkt der Kulisse sei der besseren Unterscheidung wegen B_1 genannt. v_{B_1} ergibt sich als die Projektion von v_A auf die zu BC senkrechte Richtung. Die Relativgeschwindigkeit w_B von B gegen die Kulisse hat die gleiche Größe und Richtung, aber den entgegengesetzten Pfeil wie v_{B_1}. In Fig. 127 ist die Beschleunigung b_{B_1} ermittelt. Man trage an $B_1B_2 = b_A$ die

Normalbeschleunigung $B_2 B_3$ an, welche der Relativbewegung des Punktes B gegen A mit der Winkelgeschwindigkeit ω_3 entspricht. Der Endpunkt B_4 von b_{B_1} muß dann auf der durch B_3 zur Verbindungslinie AB senkrecht gerichteten Geraden α liegen. Man nehme nun an, der Punkt B_4 auf α sei gefunden; addiert man zu $B_1 B_4 = b_{B_1}$ die Relativbeschleunigung des Punktes B gegen die Kulisse und die Coriolisbeschleunigung, so erhält man

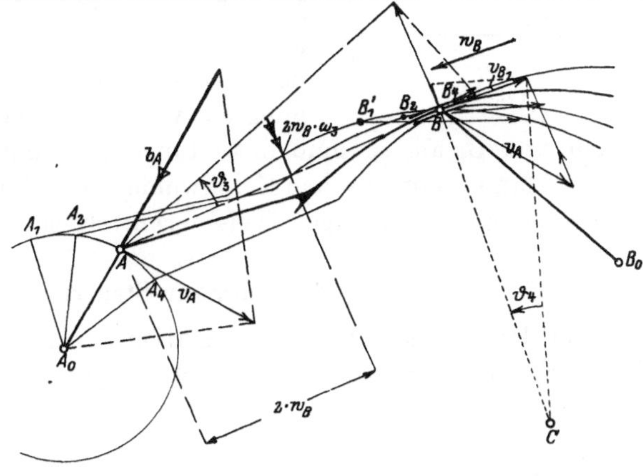

Fig. 126.

in der Resultierenden die Beschleunigung b_B von B. Die Relativbeschleunigung von B setzt sich zusammen aus der Normalbeschleunigung $B_4 B_5$ in Richtung von BC, sie hat die Größe $BC \cdot \omega_4$ (hierin bedeutet $\omega_4 = \mathrm{tg}\,\vartheta_4$ die Winkelgeschwindigkeit, mit welcher B den die Kulisse darstellenden Kreis um C durchläuft) und einer der Größe nach vorläufig unbekannten Tangentialbeschleunigung senkrecht zu BC. Man addiere nun in B_5 in Fig. 127 an den Linienzug $B_1 B_4 B_5$ noch die Coriolisbeschleunigung $B_5 B_6$ $= 2 w_B \cdot \omega_3$ und ziehe durch B_6 die Richtung der Tangentialbeschleunigung. Da die

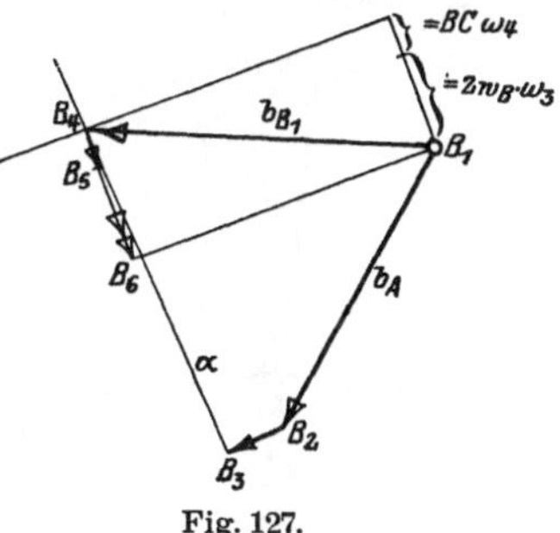

Fig. 127.

Beschleunigung b_B Null ist, so muß diese Richtung durch B_1 hindurchgehen. Man kann demnach B_4 in der Weise finden, daß man durch B_1 die Senkrechte zieht zu BC und im Abstand $BC\,\omega_4 + 2\,w_B \cdot \omega_3$ (man achte auf die Pfeile) die Parallele zu BC zeichnet, welche die Gerade α in B_4 trifft.

In der Fig. 126 sind noch für drei weitere Lagen entsprechend den Stellungen A_1, A_2 und A_4 des Punktes A_1 die Geschwindigkeiten von B_1, welcher Punkt in den verschiedenen Lagen des Getriebes nach B_1', B_2 resp. B_4 zu liegen kommt, ermittelt. Für jede Lage ist zuerst die Geschwindigkeit des augenblicklich mit B zusammenfallenden Punktes bestimmt worden, aus dieser und der Geschwindigkeit von A läßt sich dann in bekannter Weise die Geschwindigkeit eines dritten Systempunktes B_1', B_2 oder B_4 auffinden. Die Hilfslinien, mittels welcher diese Geschwindigkeiten konstruiert wurden, sind, um die Figur nicht unübersichtlich zu machen, nicht mitgezeichnet. In der

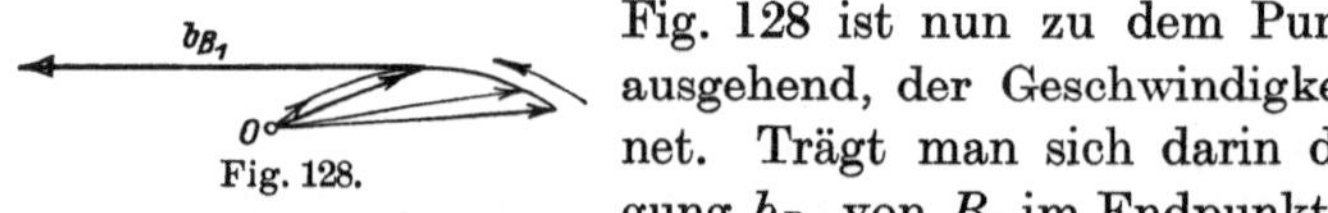

Fig. 128 ist nun zu dem Punkt B_1, von O ausgehend, der Geschwindigkeitsriß gezeichnet. Trägt man sich darin die Beschleunigung b_{B_1} von B_1 im Endpunkt der Geschwindigkeit von B_1 an, so muß diese tangential zum Geschwindigkeitsriß laufen. Man ersieht aus dem Geschwindigkeitsriß auch, ob der Pfeil der Beschleunigung in richtiger Weise ermittelt ist.

§ 36. Collmann-Steuerung.

Bei der Ventilsteuerung von Collmann ist ein Getriebe benützt, das in Fig. 129 zum Teil schematisch dargestellt ist. A_0 ist das Mittel

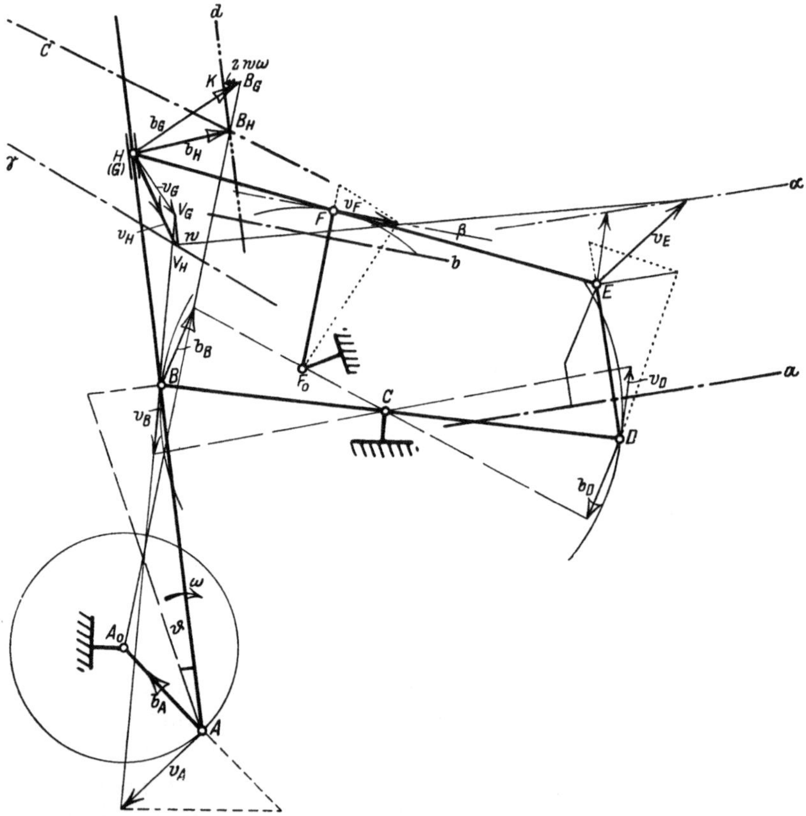

Fig. 129.

der Steuerwelle, welche sich gleichförmig dreht. $A_0 A$ ist der Radius des Exzenters. Das Getriebe $A_0 A B C$ ist eine Vierzylinderkette, deren

Glied BC bis nach D verlängert ist. In D ist das Getriebe $DEFF_0$ angeschlossen. Der Punkt H der Schwinge FE ist durch die Hülse H gezwungen, auf der Verlängerung von AB zu gleiten. Die Punkte A_0, C. F_0 sind fest, gehören dem ruhenden System an. Man überzeugt sich sofort, daß das Getriebe zwangläufig ist, daß somit durch die von der Kurbelwelle her eingeleitete Bewegung der ganze Bewegungszustand sämtlicher Einzelglieder oder Systeme bestimmt ist.

Die Winkelgeschwindigkeit ω_0 der Steuerwelle ist gleich eins angenommen, so daß die Exzentrizität AA_0 gleichzeitig die Größe von v_A und b_A angibt. Die Aufsuchung der Geschwindigkeiten und Beschleunigungen am Kurbelgetriebe A_0ABC bietet nichts Neues und kann übersprungen werden; es seien sofort Geschwindigkeit und Beschleunigung von D als bekannt vorausgesetzt. Der Endpunkt der Geschwindigkeit v_E muß auf der Geraden α senkrecht zu ED liegen, welche durch den Endpunkt der in E angetragenen Geschwindigkeit v_D gehen muß. Da F an den festen Punkt F_0 angelenkt ist, so ist die Richtung der Geschwindigkeit v_F in der Geraden β senkrecht zu FF_0 gegeben. Bewegen sich die Endpunkte der Geschwindigkeiten zweier Punkte einer geraden Strecke auf Geraden, so gleitet auch der Endpunkt der Geschwindigkeit eines dritten Punktes der Strecke auf einer Geraden. Der Endpunkt der Geschwindigkeit v_H muß deshalb auf der Richtung γ liegen, welche man dadurch ermittelt, daß man zwei beliebige Geschwindigkeiten v_E annimmt und die zugehörigen Geschwindigkeiten v_H bestimmt. Die Verbindungslinie deren Endpunkte ist die Richtung γ. Der mit H momentan zusammenfallende Punkt des Gliedes AB sei G. Die Geschwindigkeit von H setzt sich aus v_G und einer Komponenten in Richtung AB zusammen. Zieht man durch V_G die Parallele zu AB, so schneidet diese γ in V_H; $HV_H = v_H$. Die Komponente von v_H, mit welcher sich die Hülse längs AB bewegt, ist gleich $V_G V_H = w$.

Addiert man zu der Beschleunigung b_G, welche sich aus b_A und b_B bestimmt, die Coriolisbeschleunigung $2w \cdot \omega = B_G K$ ($\omega =$ momentane Winkelgeschwindigkeit von AB) und zieht man durch K die Parallele d zu AB, so muß auf d der Endpunkt B_H der Beschleunigung von H liegen. Von Gelenk D ausgehend, findet man einen zweiten geometrischen Ort für B_H. Die Beschleunigung b_E von E setzt sich aus b_D, der gegen D hin gerichteten Normalbeschleunigung und einer der Größe nach unbekannten Tangentialkomponente zusammen. Der Endpunkt von b_E muß somit auf der Geraden a senkrecht zu ED gelegen sein. Der Endpunkt der Beschleunigung b_F kann nur auf der Geraden b senkrecht zu FF_0 liegen, deren Abstand von F gleich der Normalbeschleunigung ist, welche der Geschwindigkeit v_F entspricht. Nun gilt auch für die Beschleunigungen der Satz, daß der Endpunkt der Beschleunigung eines

Punktes einer Strecke sich auf einer Geraden bewegen muß, sofern die
Endpunkte der Beschleunigungen zweier anderer Punkte der Strecke
auf je einer Geraden liegen müssen. Man hat somit für den Endpunkt B_H
in der Richtung c einen zweiten geometrischen Ort. c findet man in
der Weise, daß man zwei beliebige Beschleunigungen b_{E_1} und b_{E_2} derart annimmt, daß die Punkte B_{E_1} und B_{E_2} auf a fallen, zu diesen
beiden Beschleunigungen ermittle man die Beschleunigungen von H,
die Verbindungslinie deren Endpunkte ist die Richtung c. Im Schnitt
der Geraden d und c liegt der Endpunkt B_H der Beschleunigung b_H
von H. Aus b_H kann man rückwärts b_F und b_E finden. Damit ist
der Bewegungszustand sämtlicher Glieder des Getriebes der Collmann-
steuerung gefunden. Hat die Hülse H eine größere Länge, so daß es
nicht mehr genügt, die Beschleunigung der ganzen Hülse einfach b_H
gleichzusetzen, so kann man sich die Beschleunigung eines weiteren
Punktes der Hülse in derselben Weise ermitteln, wie unter § 34 bei der
Konstruktion der Beschleunigung eines zweiten Punktes des durch
den Stein B dargestellten Systems beschrieben worden ist.

§ 37. Die Schubkurvengetriebe.

Die Spindel S in Fig. 130 sei durch eine Prismenpaarung geradlinig geführt (Hülse a festgehalten). S wird dadurch bewegt, daß der

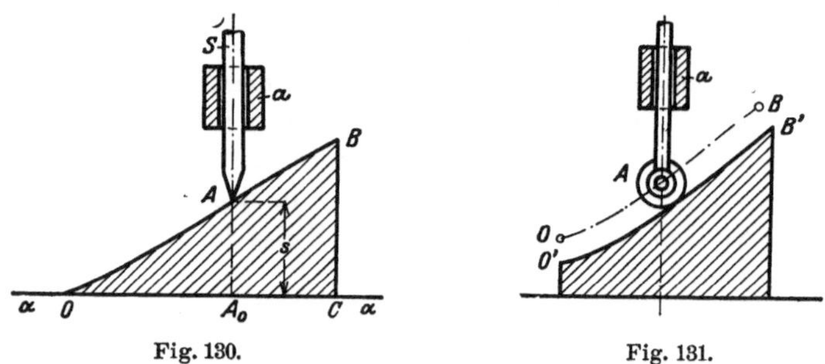

Fig. 130.   Fig. 131.

Punkt A von S durch die Kurvenscheibe OBC, die längs der festen
Geraden α gleitet, verschoben wird. Die jeweilige Entfernung des
Punktes A von der Richtung α, die Strecke AA_0, ist der Weg s der
Spindel. Ein derartiges Getriebe bezeichnet man als ein Parallelschub-
kurvengetriebe.

Konstruktiv wird das Getriebe meistens in der in Fig. 131 ver-
anschaulichten Weise ausgeführt. Um bessere Reibungsverhältnisse
zu erzielen, bringt man in dem Punkt A eine kleine Rolle an, welche
auf der Kurve $O'B'$ abrollt. $O'B'$ ist eine Äquidistante zur Kurve OB
aus Fig. 130.

Dreht sich die Kurvenscheibe $O'A'B'$, auch unrunde Scheibe genannt, wie in Fig. 132 gezeichnet, um den festen Punkt M, so spricht man von einem polaren Schubkurvengetriebe. Dieses findet weitgehende Anwendung bei den Steuerungen von Gas- und Dampfmaschinen in der Form der Nocken und Daumensteuerungen. M ist dabei das Mittel der Steuerwelle, der parallel geführte Stift die Spindel eines Ventils.

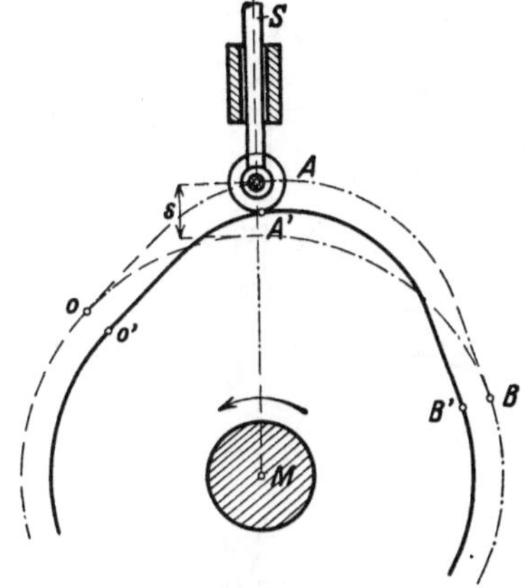

Fig. 132.

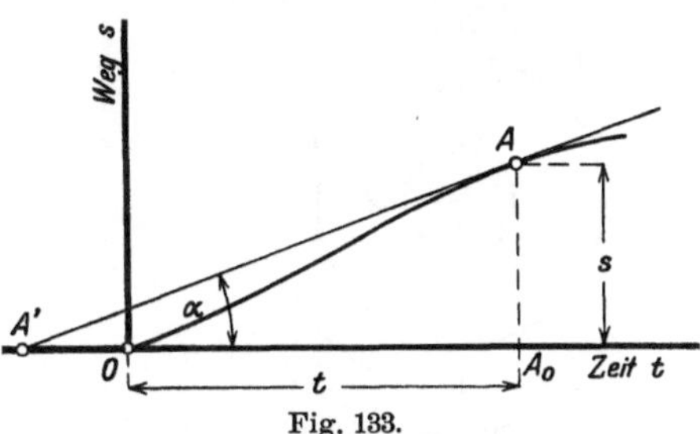

Fig. 133.

An dem Schubkurvengetriebe sollen noch einige Diagramme erläutert werden. Trägt man in Fig. 133 den Weg $s = AA_0$ über der Zeit t auf, so erhält man in der Kurve OA das Zeitwegdiagramm. Bewegt sich die Scheibe stets parallel mit konstanter Geschwindigkeit, so stellt die Kurve OA direkt die Kontur der Scheibe dar. Aus der Definition der Geschwindigkeit $v = \dfrac{ds}{dt}$ ergibt sich, daß v durch die Neigung der Tangente in A an das Zeitwegdiagramm gegeben ist,

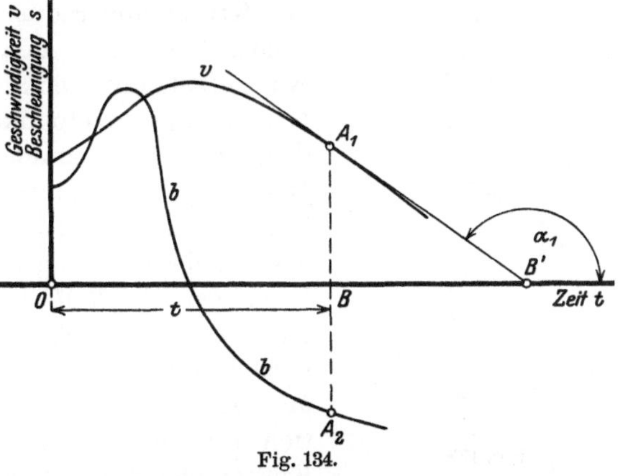

Fig. 134.

$\operatorname{tg} \sphericalangle A A' A_0 = \operatorname{tg} \alpha = v$. Die Werte v in entsprechendem Maßstab über t aufgetragen (Fig. 134) geben das Zeitgeschwindigkeitsdiagramm $(BA_1 = v)$. Die Beschleunigung von A ist $b = \dfrac{dv}{dt}$. Die Neigung der Tangente $A_1 B'$ an die Zeitgeschwindigkeitskurve ist also die Beschleunigung; diese über t aufgetragen, ergibt das Zeitbeschleunigungsdiagramm (Fig. 134). Bei den Schubkurvengetrieben geht man bei der Konstruktion oft in der Weise vor, daß man die Beschleunigung der Spindel von vornherein annimmt. Man findet dann aus dem Zeitbeschleunigungsdiagramm das Zeitwegdiagramm durch zweimaliges Integrieren.

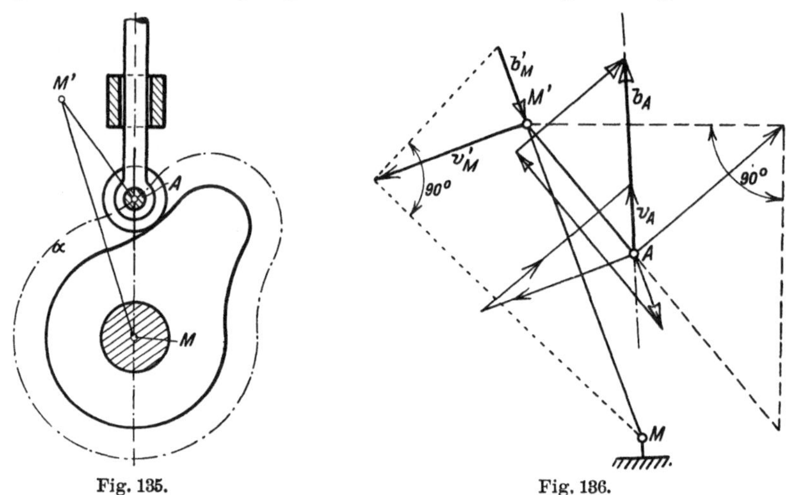

Fig. 135. Fig. 136.

Bei der Bestimmung der Beschleunigungen am Schubkurbelgetriebe ersetzt man dieses, wie Hartmann in der Z. d. V. d. Ing. 1905, S. 1581, gezeigt hat, am besten durch ein Kurbelgetriebe, dazu muß

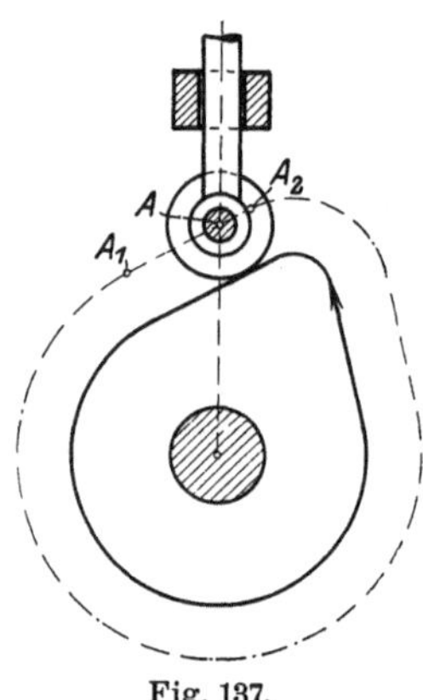

Fig. 137.

der Krümmungsradius der Hubkurve der unrunden Scheibe in den einzelnen Punkten der Kurve bekannt sein. M' (Fig. 135) ist der Krümmungsmittelpunkt der Hubkurve α in dem mit A zusammenfallenden Punkt. Die Bewegung des Punktes A kann nun für einen kleinen Ausschlag (für drei unendlich nahe beieinanderliegende Lagen von A) auch durch das Kurbelgetriebe $M\,M'\,A$ erzeugt werden. Die Konstruktion der Beschleunigungen kann demnach nach jenen für das Kurbelgetriebe entwickelten Methoden erfolgen. In Fig. 136 ist die Konstruktion durchgeführt unter der Annahme, daß die Kurvenscheibe mit konstanter Winkelgeschwindigkeit rotiere. v_M' sei die Geschwindigkeit des Krümmungsmittelpunktes M', welcher als ein mit der Scheibe fest verbundener Punkt aufzufassen ist. Die Beschleunigung b_M' ist lediglich eine Normalbeschleunigung.

Ist die Bahn des Punktes A relativ zur unrunden Scheibe eine Gerade, so versagt die vorstehende Konstruktion (auch in den Wendepunkten der Hubkurve, siehe Fig. 137). Für das geradlinige Stück $A_1 A_2$ der Hubkurve in Fig. 137 ersetzt man zur Konstruktion der Beschleunigungen das polare Schubkurvengetriebe durch das in Fig. 138 dargestellte Getriebe. Die Relativbewegung der mit A verbundenen Stange entspricht dann dem Konchoiden-problem; denkt man sich die unrunde Scheibe fest-gehalten, so bewegt sich die Stange S so, daß der Punkt A auf der Geraden $\alpha\,\alpha$ gleitet, während die Richtung von S jederzeit durch M geht.

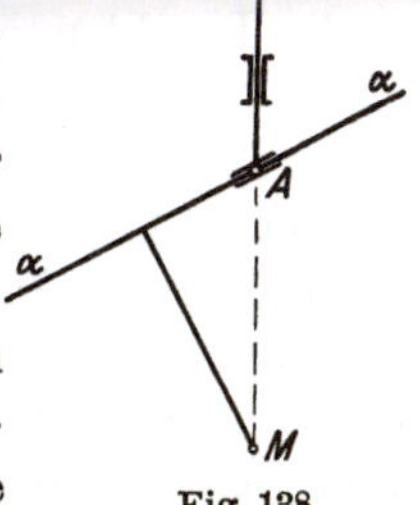

Fig. 138.

Die Beschleunigung b_A von A kann für diesen Fall folgendermaßen gefunden werden. Die Winkel-geschwindigkeit $\omega = \operatorname{tg}\vartheta$, mit welcher sich die Scheibe dreht, sei wieder konstant. Die Geschwindigkeit v_A (Fig. 139) setzt sich aus v'_A, der Geschwindigkeit von A als Punkt der Scheibe, und der Relativgeschwindigkeit w, mit welcher sich A längs $\alpha\,\alpha$ bewegt, zusammen.

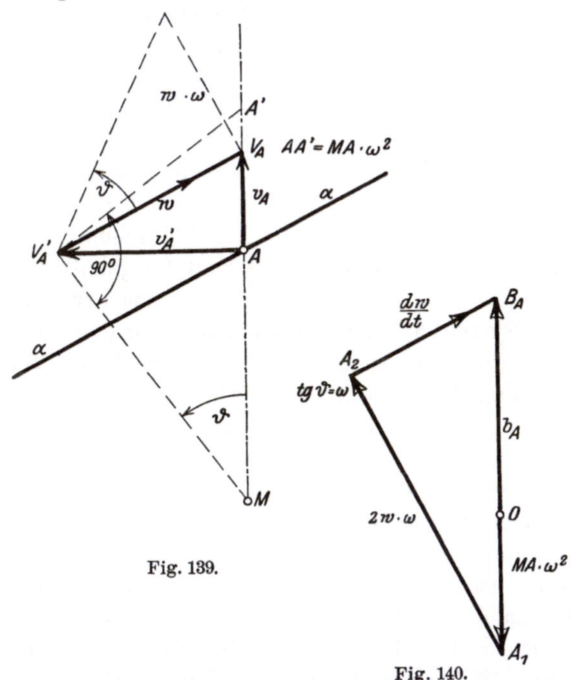

Fig. 139.

Fig. 140.

Die Beschleunigung b_A, welche in der Fig. 140 ermittelt ist, hat die nachstehenden Komponenten:

1. $OA_1 = MA\,\omega^2$ in Richtung MA,

2. $A_1 A_2 = 2w \cdot \omega$. Die Richtung der Coriolisbeschleunigung be-kommt man, indem man die Relativgeschwindigkeit w um $90°$ im Sinne von ω oder ϑ verdreht,

3. $A_2 B_A = \dfrac{dw}{dt}$ parallel zu $\alpha\,\alpha$.

7*

Den Punkt B_A findet man als Schnitt der durch A_2 zu $\alpha\,\alpha$ parallel gezogenen Geraden mit der Richtung von OA_1. $OB_A = b_A$ ist die Beschleunigung von A.

§ 38. Die Wälzhebel.

Im Dampf- und Gasmaschinenbau benutzt man zur Betätigung der Ein- und Auslaßventile vielfach Getriebe mit Wälzhebeln. Es wird verlangt, daß sich das Ventil namentlich bei rasch laufenden Maschinen schnell öffnet und schließt und daß sich trotzdem der Ventilkegel ohne Stoß auf seinen Sitz niederbewegt, außerdem soll beim Öffnen des Ventils, das in geschlossenem Zustand durch den Druck des Dampfes oder des Gasgemisches und meistens noch durch eine Feder auf den Sitz aufgepreßt wird, auf das Getriebe der Steuerung keine zu große Kraft übertragen werden. Man erreicht diese Anforderungen am besten durch die Wälzhebel. Sie werden in den verschiedensten Formen angewandt. Hier soll eine Ausführung besprochen werden, wie sie in Fig. 141 schematisch dargestellt

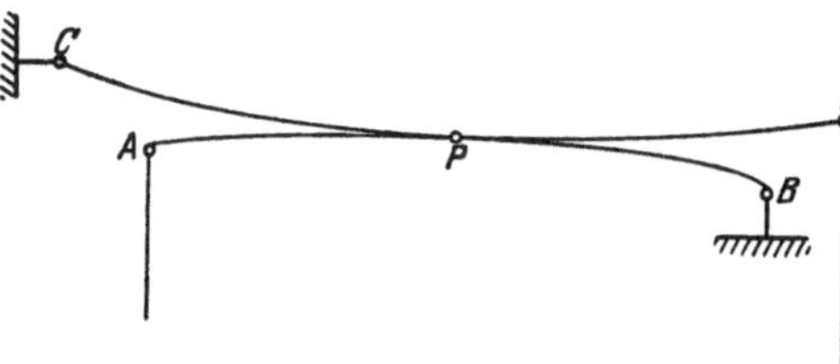

Fig. 141.

ist. Die beiden Gelenkpunkte C und B sind festgehalten und gehören zum ruhenden System S_0, die Stange AB sei das bewegte System S_1; CD das bewegte System S_2. In dem Punkte A wird von der Steuerwelle aus durch irgendein Getriebe die Bewegung eingeleitet, von D aus erfolgt die Betätigung des Ventilkegels. Wie der Name Wälzhebel schon besagt, sollen bei der Bewegung des Getriebes die beiden Kurven AB und CD, welche sich in der in Fig. 141 gezeichneten Lage in P berühren, aufeinander abrollen, ohne zu gleiten. Man strebt jederzeit ein reines Abrollen der beiden Hebel an, um die geringste Reibung, die kleinste Reibungsarbeit und Abnützung zu bekommen. Durch diese Bedingung ist die Kurve CPD bestimmt, sobald die Kurve APB und die Lage des Punktes C angenommen sind; wie sie konstruiert wird, ist in Fig. 142 gezeigt. Bei der Relativbewegung von System S_2 gegen S_1 stellen die beiden Kurven CD und AB direkt die Polbahnen dar. Die Rastpolbahn r ist in Fig. 142 als Kreis um den Mittelpunkt M angenommen, außerdem sind B und C für irgendeine Ausgangslage von S_2 gegen S_1 beliebig gewählt. Da die Punkte C und B bei dem Wälzhebelgetriebe zu S_0 gehören, so muß bei der Relativbewegung von S_2 zu S_1 C den Kreis um B beschreiben mit dem Radius BC. B ist also der Krümmungsmittelpunkt der Bahn von C. Auf diesem Kreis sind verschiedene, zeitlich aufeinanderfolgende Lagen

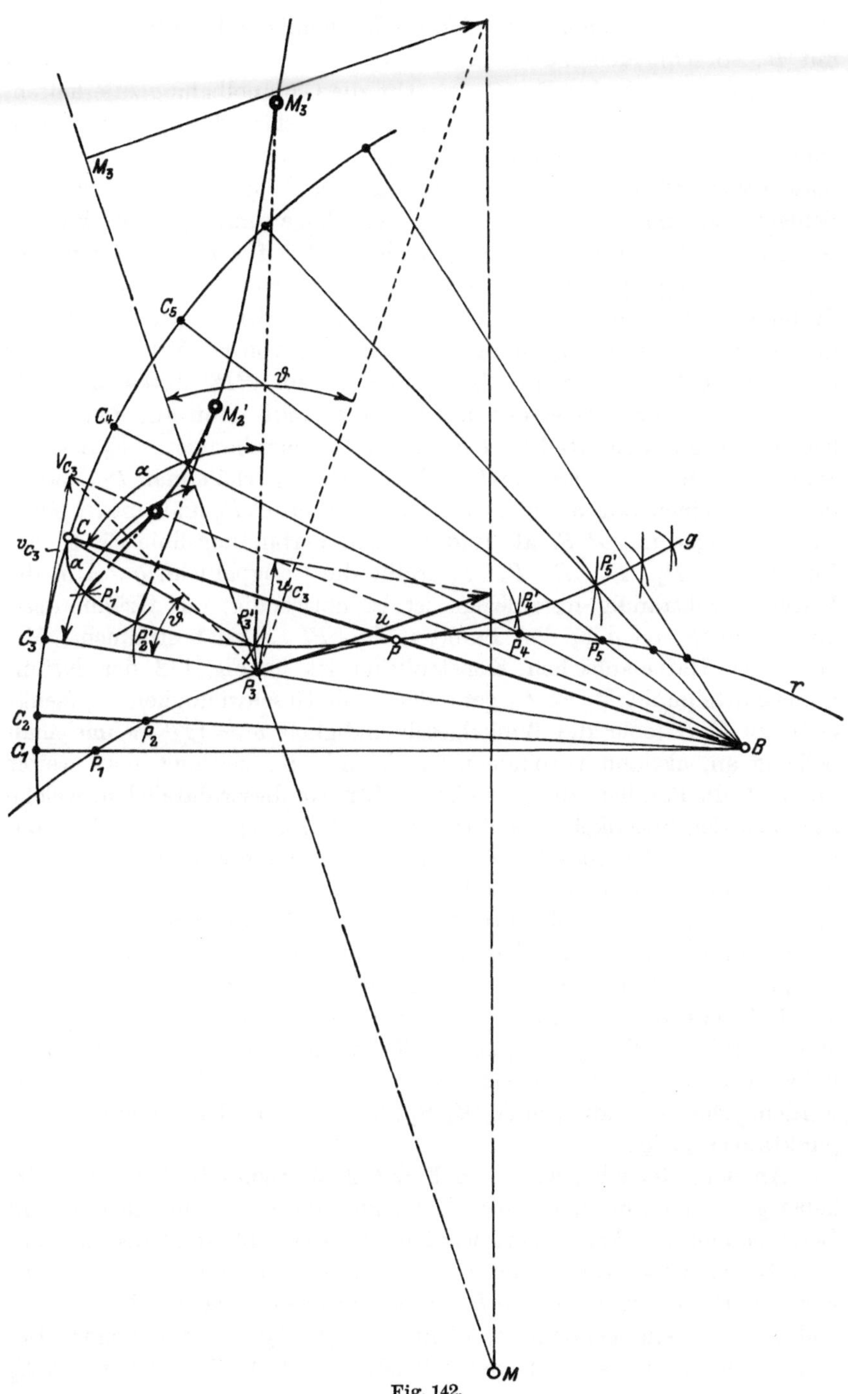

Fig. 142.

C_1 , C_2 , C_3 ... angenommen. Verbindet man die Punkte C_1 , C_2 ... mit B, so schneiden die Geraden $C_1 B$, $C_2 B$ ... die Rastpolbahn in den momentanen Polen P_1 , P_2 ... Um die Gangpolbahn g zu erhalten, muß man die Pole P_1 , P_2 ... in der Ausgangslage des Systems S_2 eintragen. Um z. B. den Punkt P_4' auf g zu finden, geht man folgendermaßen vor. P_4' muß von C denselben Abstand haben, wie P_4 von C_4. Schlägt man um den Punkt C einen Kreisbogen mit $C_4 P_4$ als Radius, so ist dieser Bogen ein erster geometrischer Ort für P_4'. Bei dem Abrollen der Gangpolbahn g auf der Rastpolbahn r fällt in der Lage 4 des Systems S_2 der Punkt P_4' mit P_4 zusammen, der Bogen PP_4' von g muß deshalb dieselbe Länge besitzen wie PP_4 von r. Mit genügender Genauigkeit kann man die Bögen PP_4 resp. PP_4' durch die entsprechenden Sehnen ersetzen; der Punkt P_4' muß dann auf dem Kreis liegen, der mit dem Radius PP_4 um P beschrieben ist. P_4' ist der Schnitt der beiden Kreise um P und C. Aus P_4' erhält man P_5', indem man um C einen Bogen schlägt mit dem Radius $C_5 P_5$ und um P_4' einen zweiten Bogen mit $P_4 P_5$ als Radius. Die Verbindungslinie sämtlicher Punkte P_1' , P_2' , P_3' , P , P_4' ... ergibt die Gangpolbahn g. Um die Kurve g vollständig festzulegen, ist es notwendig, die Krümmungsmittelpunkte von g in den Punkten P_1' , P_2' ... zu bestimmen. Mit Hilfe der Hartmannschen Konstruktion ist in Fig. 142 der Krümmungsmittelpunkt M_3 zu P_3' gefunden. Die Geschwindigkeit v_{C_3} (senkrecht zu $C_3 B$) oder die Winkelgeschwindigkeit $\omega = \operatorname{tg} \vartheta$ nehme man beliebig an, alsdann verbinde man V_{C_3} mit B; zeichnet man weiter durch P_3 die Parallele zu v_{C_3}, so ist die Strecke dieser Parallelen, welche zwischen den Schenkeln des Winkels $V_{C_3} B C_3$ gelegen ist, die Komponente u_{C_3} der Polwechselgeschwindigkeit u; da die Richtung von u in der Tangente an r in P_3 gegeben ist, so ist u selbst bestimmt. Aus u und M findet man in bekannter Weise den Krümmungsmittelpunkt M_3 der Gangpolbahn. In der Ausgangslage des Systems S_2 ergibt sich der entsprechende Punkt M_3' durch Antragen des Winkels $C_3 P_3 M_3 = \alpha$ an CP_3', auf dem zweiten Schenkel mache man die Strecke $P_3' M_3'$ ebenso groß wie $P_3 M_3$. M_3' ist der Krümmungsmittelpunkt der Gangpolbahn g in P_3'. In gleicher Weise können M_1' , M_2' ... ermittelt werden. Die Verbindungslinie $M_1' M_2' M_3'$ ... ist die Krümmungsmittelpunktkurve zu g.

An dem Getriebe, wie es in Fig. 142 für reines Rollen der Wälzhebel gefunden wurde, sollen im folgenden die Geschwindigkeiten und Beschleunigungen konstruiert werden. In Fig. 143 ist P der momentane Berührpunkt von g und r. M_2 ist der Krümmungsmittelpunkt von g in P; M jener von r in P. Das Getriebe der beiden Wälzhebel g und r ist, streng genommen, nicht zwangläufig, denn bei einer Bewegung des Systems S_1 (Hebel AB oder r) ist die Bewegung von S_2

v_{M_2}
90°
M_2
ϑ_2
ω_2
$EV_P = w$
C
E
F
V_P
G
g
D
v_M
B_P
γ
$w \cdot \dfrac{w^2}{M_2 P}$
v_P'
b_P
v_P
J
w
ϑ_2
$2\,w \cdot \omega_2$
$2\,w\,\omega_2$
v_A
P
β
H
A
90°
α
K
$CK = 2\,w$
b_A
r
δ
B
V_M
v_M
α
M
b_M

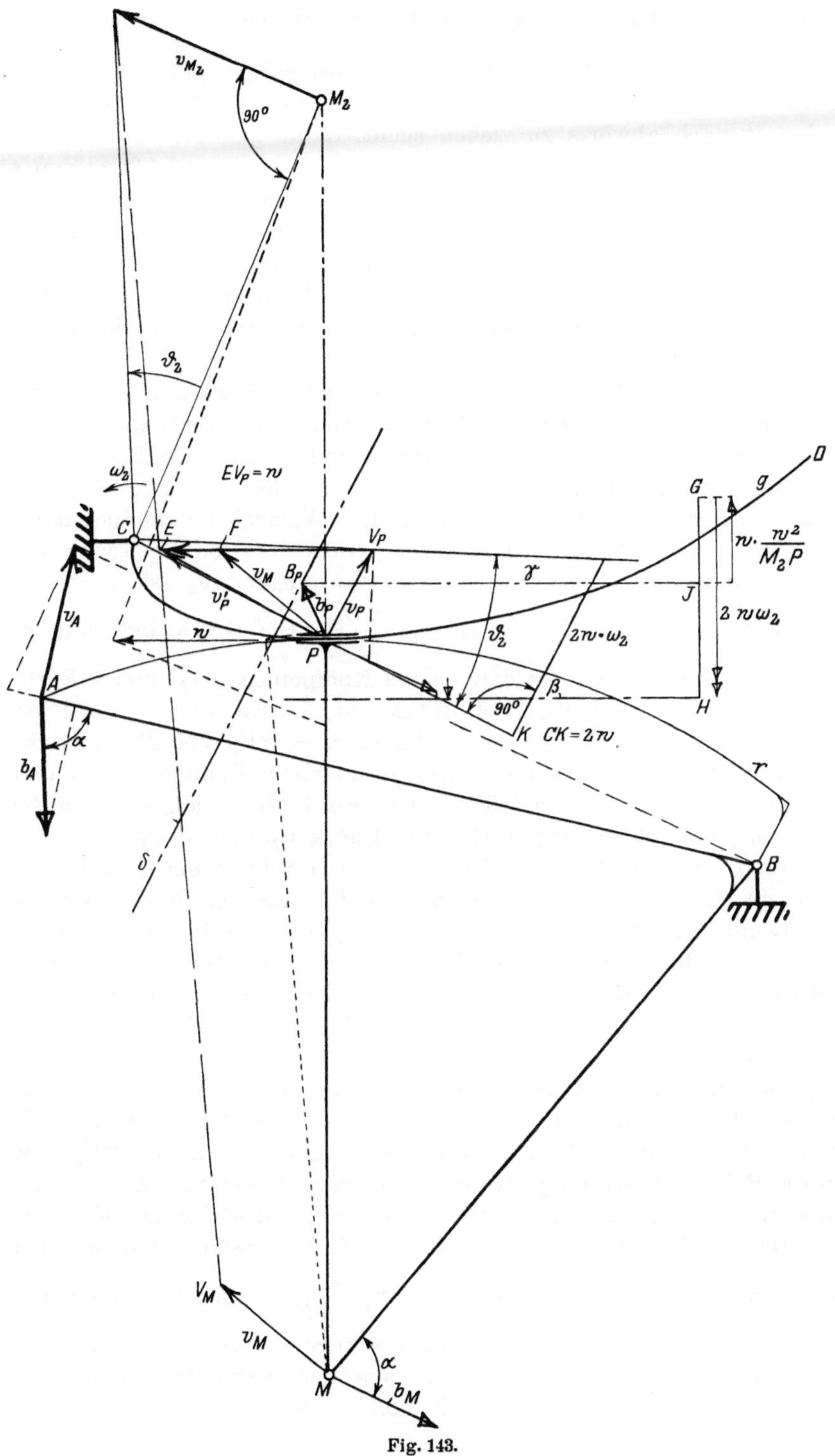

Fig. 143.

noch nicht eindeutig bestimmt. Nun ist aber bei der praktischen Ausführung des Wälzhebelgetriebes durch eine Feder, welche den Punkt D jederzeit nach abwärts zu ziehen sucht, dafür gesorgt, daß sich die beiden Kurven g und r stets berühren, dann ist für jede Lage von r die Lage von S_2 eindeutig bestimmt, und durch den bekannten Bewegungszustand von A sind sämtliche Geschwindigkeiten und Beschleunigungen aller Punkte des Getriebes festgelegt.

In Fig. 143 sind die Vektoren v_A und b_A angenommen, die Geschwindigkeiten und Beschleunigungen des Hebels g sind daraus zu ermitteln.

Um die Konstruktion möglichst übersichtlich zu machen, denke man sich die Bewegung von g durch folgendes Ersatzgetriebe erzeugt. In P gleite auf der Kurve g eine Hülse, mit welcher die Stange PM (senkrecht zu g) fest verbunden ist. M ist an den Winkelhebel ABM angeschlossen. Man kann sich nun den Wälzhebel r ausgeschaltet denken. g erfährt durch das Ersatzgetriebe dieselbe Bewegung wie durch die beiden Wälzhebel. Die Geschwindigkeit v_M ist senkrecht gerichtet zu BM, ihre Größe ist $v_A \cdot \dfrac{MB}{BA}$. Die Geschwindigkeit v_P' der Hülse P setzt sich aus den beiden Komponenten v_M und FE zusammen, FE ist vorläufig noch unbekannt, die Richtung von FE ist senkrecht zu MP. Die Geschwindigkeit $v_P = PV_P$ von P als Punkt von g steht senkrecht zu CP. Die geometrische Summe aus v_P und der Geschwindigkeit w der Hülse auf g, welche in P tangential an die Kurve g gerichtet ist, ergibt v_P'. Der Punkt V_P muß deshalb auf der bereits gefundenen Richtung EF liegen. Der Schnitt der Senkrechten in P zu CP mit der Richtung EF ist V_P; mit v_P ist die Winkelgeschwindigkeit $\omega_2 = \mathrm{tg}\,\vartheta_2$ des Systems S_2 oder des Wälzhebels g gefunden. Während eines unendlich kleinen Ausschlages des Ersatzgetriebes kann man sich M_2PM als eine bewegte feste Stange vorstellen. M_2 ist ein Punkt von S_2, die augenblickliche Winkelgeschwindigkeit von S_2 ist ω_2, der absolute Pol von S_2 ist C, man kann sich somit v_{M_2} konstruieren. Verbindet man den Endpunkt der Geschwindigkeit v_{M_2} mit V_M, so schneidet diese Verbindungslinie die Richtung FV_P in E, $EP = v_P'$ gleich der Absolutgeschwindigkeit der Hülse, $EV_P = w$ ist die Relativgeschwindigkeit der Hülse gegen g oder S_2. EF ist jene Geschwindigkeit, mit welcher sich P als Punkt von MP gegen M dreht.

Die Beschleunigung b_M schließt mit MB denselben Winkel α ein wie b_A mit AB. Die Größe von $b_A = b_A \cdot \dfrac{MB}{AB}$. Die Beschleunigung der Hülse, welche mit b_{P_H} bezeichnet sein möge, setzt sich aus drei Komponenten zusammen; aus b_M, aus der Normalbeschleunigung, welche der Relativgeschwindigkeit von P gegen M entspricht und einer unbekannten Tangentialkomponenten. Als geometrischen Ort für den Endpunkt von b_{P_H} findet man die Gerade β senkrecht zu MP. Nun fasse man die Hülse als einen relativ zu S_2 auf der Kurve g bewegten Punkt auf. b_{P_H} ergibt sich dann als die geometrische Summe aus b_P der gesuchten Beschleunigung von P auf Kurve g, der Coriolisbeschleunigung $2\,w\,\omega_2$, und der Normalbeschleunigung $\dfrac{w^2}{M_2\,P}$ infolge der Relativgeschwindigkeit w der Hülse gegen S_2 und einer Tangentialkomponenten senkrecht zu MP, welche angibt, mit welcher tangentialen Beschleunigung die Relativbewegung der Hülse gegen S_2 erfolgt. Man weiß nun, daß der Endpunkt von b_{P_H} auf der Geraden β liegen muß. Von irgendeinem Punkt H auf β ausgehend, trage man sich die Coriolisbeschleunigung $GH = 2\,w\,\omega_2$ auf, so zwar, daß die Richtung von G nach H durch den Pfeil der Coriolisbeschleunigung gegeben ist. Von G aus trage man, entgegen der Normalbeschleunigung $\dfrac{w^2}{M_2\,P}$, die Strecke $GJ = \dfrac{w^2}{M_2\,P}$ ab; zeichnet man nun durch den Punkt J das Lot γ zu PM, so muß der Endpunkt B_P der Beschleunigung b_P offenbar auf γ gelegen sein. Der Punkt P von S_2 dreht sich mit der Geschwindigkeit v_P um C, dieser Drehung entspricht die Normalbeschleunigung $\dfrac{v_P^2}{CP}$.

B_P muß auf der Geraden δ senkrecht zu CP im Abstande $\dfrac{v_P^2}{CP}$ von P gelegen sein. Die beiden Richtungen γ und δ schneiden sich in B_P. $PB_P = b_P$. b_P ist die gesuchte Beschleunigung von P als Punkt von S_2. Mit v_P und b_P ist der momentane Bewegungszustand von S_2 vollkommen bekannt.

Für den Fall, daß die beiden aufeinander abrollenden Kurven g und r so konstruiert sind, daß tatsächlich ein reines Abrollen stattfindet, so daß g und r direkt die Polbahnen der Relativbewegung von S_2 gegen S_1 darstellen, lassen sich die Geschwindigkeit v_P und die Beschleunigung b_P durch eine sehr einfache Konstruktion finden, welche in der Fig. 144 aufgezeichnet ist. Da P der momentane Pol der Relativbewegung von S_2 (g) gegen S_1 (r) ist, so muß die Geschwindigkeit v_P des auf g gelegenen Punktes ebenso groß sein wie die Geschwindigkeit des zu S_1 gehörigen Punktes P. Da der momentane Geschwindigkeitszustand von S_1 durch v_A vollkommen bestimmt ist, so läßt sich v_P ohne weiteres finden. Faßt man P (auf Kurve g) als einen im System S_1 bewegten Punkt auf, so ergibt sich die Beschleunigung b_P als die geometrische Summe aus der Beschleunigung b_P' des Punktes P von S_1 und der Relativbeschleunigung b_P'' von P gegenüber S_1 (da die Relativgeschwindigkeit von P auf g gegen $S_1 = $ Null ist, verschwindet

v_M'''
v_M''
v_M'
M_2
$90°$
$90°$
v_M''''
$u \cdot \omega_{21}$
ω_{21}
ω_2
δ
D
g
C
u
β_P
b_P
v_P
ω_{21}
v_A
u
$b_P'' = \Delta$
$u \cdot \omega_{21}$
A
α
b_P'
α
b_A
β
β
r
α
B
ω_1
M

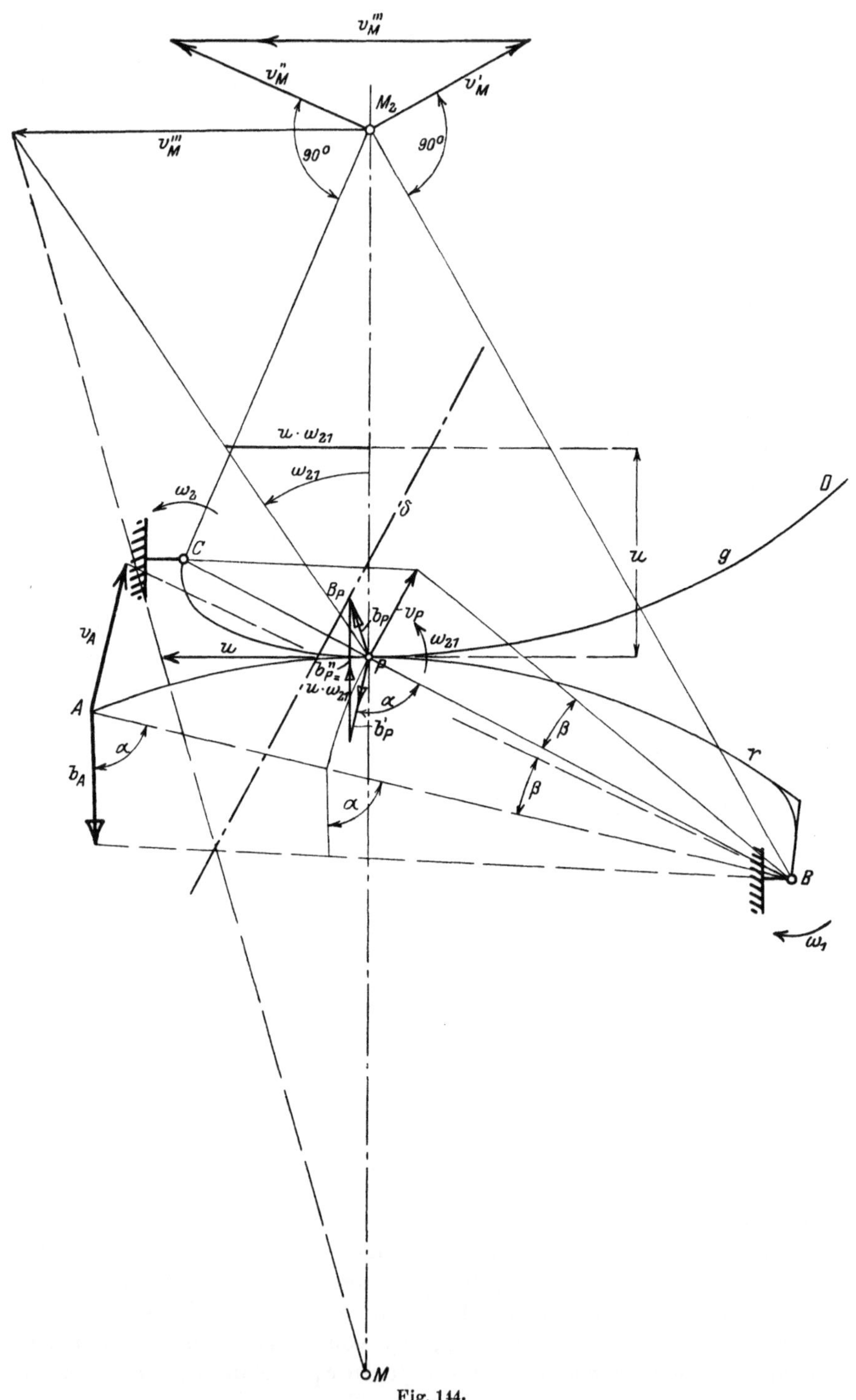

Fig. 144.

die Coriolisbeschleunigung und die absolute Beschleunigung findet sich aus den Einzelbeschleunigungen nach dem Parallelogrammgesetz). Die Komponente b_P'' ist die Polbeschleunigung der Relativbewegung von S_2 gegen S_1. Wie früher gezeigt worden ist, geht die Polbeschleunigung in der Richtung der Polbahnnormalen gegen den Krümmungsmittelpunkt der Gangpolbahn, ihre Größe ist $u \cdot \omega$. Für den hier vorliegenden Fall ist somit die Komponente $b_P'' = u \cdot \omega_{21}$, wobei ω_{21} die Winkelgeschwindigkeit von S_2 gegen S_1 bedeutet. Ist ω_1 die Winkelgeschwindigkeit von S_2 gegen S_0 und ω_1 die Winkelgeschwindigkeit von S_1 gegen S_0, so ist $\omega_{21} = \omega_2 + \omega_1$ (man achte auf die Vorzeichen und den Richtungssinn der Winkelgeschwindigkeiten, siehe § 11). Man kann ω_{21} auch dadurch finden, daß man beispielsweise für den Punkt M_2 die Geschwindigkeiten v_M'' und v_M' konstruiert, welche M als Punkt von S_2 resp. S_1 besitzt und die geometrische Differenz v_M''' beider Geschwindigkeiten bildet; v_M''' (siehe Fig. 144) ist die Relativgeschwindigkeit von M_2 als Punkt von S_2 gegen S_1, mit v_M''' ist auch ω_{21} bestimmt. Verbindet man den Endpunkt von v_M''' mit M, so schneidet die Verbindungslinie die Polbahntangente (senkrecht PM) im Endpunkt der Polwechselgeschwindigkeit u. Da ω_{21} und u bekannt sind, kann man auch die Komponente $b_P'' = u \cdot \omega_{21}$ sofort einzeichnen. Die Resultierende aus b_P'' und b_P' ist die Beschleunigung b_P. Man kann bei der Konstruktion die Ermittlung von u und ω_{21} umgehen. Da man die Richtung der Polbeschleunigung $u \cdot \omega_{21} = b_P''$ kennt, so braucht man, um B_P zu finden, nur durch den Endpunkt von b_P' die Parallele zu dieser Richtung oder zu MP zu ziehen, welche die aus Fig. 143 übernommene Gerade δ in B_P schneidet.

Bei der praktischen Anwendung des Wälzhebelgetriebes führt man vielfach die Kurve g des Wälzhebels CD einfach als Gerade aus und nimmt für r einen Kreisbogen derart an, daß eine beabsichtigte Ventilbewegung nach Möglichkeit erreicht wird. Neben dem Rollen findet dann natürlich auch ein Gleiten der Wälzhebel aufeinander statt. In Fig. 145 ist ein derartiges Wälzhebelgetriebe gezeichnet. g und r sind bei dieser Ausführung natürlich nicht mehr die Polbahnen der Relativbewegung der Systeme S_1 und S_2, vielmehr ist g eine Hüllkurve, r die zugehörige Hüllbahn bei der Bewegung von S_2 gegen S_1. Die Konstruktion zur Ermittlung des momentanen Bewegungszustandes des Wälzhebels CD mit Hilfe des Ersatzgetriebes, wie sie an Hand der Fig. 143 erklärt wurde, ist auch hier ohne weiteres anwendbar, nur können noch einige Vereinfachungen vorgenommen werden. Hat man die Geschwindigkeit v_P von P als Punkt von S_2 in gleicher Weise wie früher gefunden, so kennt man mit der Winkelgeschwindigkeit $\omega_2 = \operatorname{tg}\vartheta_2$ zugleich die Winkelgeschwindigkeit von Strecke MP, sie ist ebenfalls gleich ω_2, da MP in jeder Lage des Getriebes senkrecht zu g steht.

Trägt man sich an MP den Winkel ϑ_2 im richtigen Sinne an, so wird von dem zweiten Schenkel des Winkels auf der Geraden g die mit c_P bezeichnete Relativgeschwindigkeit des Punktes P der Stange MP gegen M abgeschnitten. Addiert man geometrisch zu v_M die Strecke $EF = c_P$, so bekommt man in der Resultierenden die Absolutgeschwindigkeit v_P' der Hülse. EV_P ist die Relativgeschwindigkeit w der

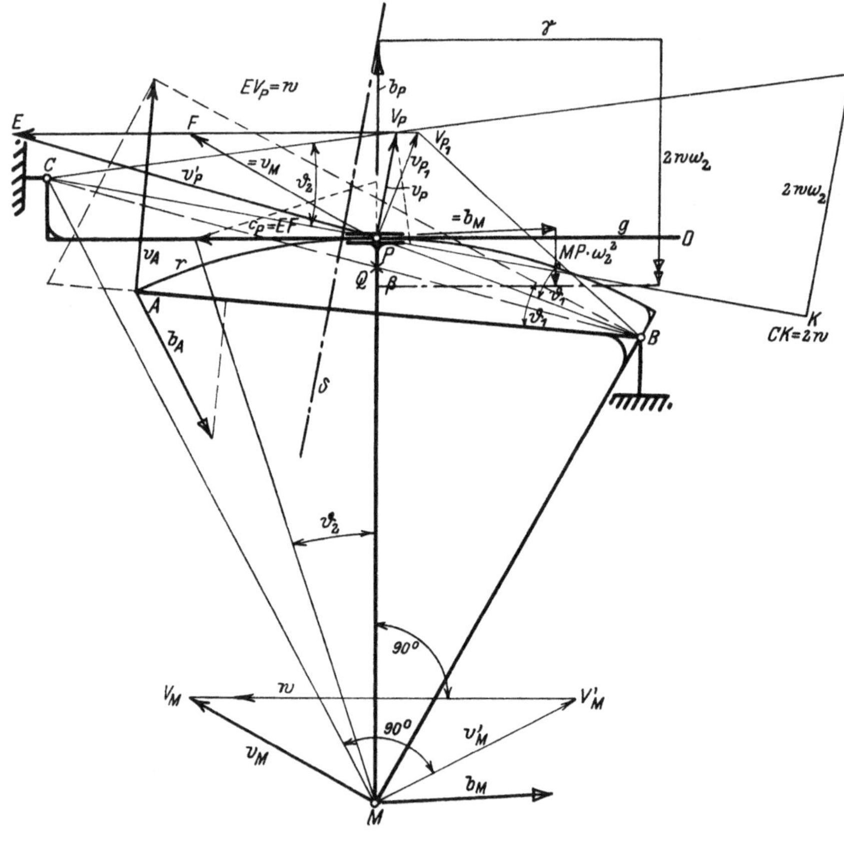

Fig. 145.

Hülse auf der Geraden g. Man kann w in sehr einfacher Weise durch folgende Konstruktion finden. Die Relativgeschwindigkeit des Punktes M gegen die Gerade g ist ebenfalls gleich w. Ist v_M' die Geschwindigkeit von M, aufgefaßt als Punkt des Systems S_2, so ist die geometrische Differenz $v_M - v_M' = w = V_M V_M'$. Da w senkrecht zu MP steht, so kann man den Punkt V_M' auch als Schnittpunkt des durch V_M zu MP gezogenen Lotes mit der Senkrechten zu MC in M finden. (Siehe auch Fig. 403 im Lehrbuch d. Kinematik v. Prof. Burmester.)

Um die Beschleunigung b_P von g zu finden, bestimmt man sich, wie in Fig. 143, zuerst die Gerade β. Die Gerade γ, auf welcher der Endpunkt von b_P gelegen sein muß, läuft parallel zu β im Abstand der Coriolisbeschleunigung, die Normalkomponente, welche in der Fig. 143 von der Coriolisbeschleunigung abzuziehen war, ist hier Null, da die Relativbahn der Hülse gegen das System S_2 geradlinig ist. Verbindet man den Schnittpunkt der Geraden γ und δ, welche hier dieselbe Bedeutung haben wie in Fig. 143 mit P, so hat man in der Verbindungsstrecke die Beschleunigung b_P des Punktes P von S_2. Damit ist der momentane Bewegungszustand von S_2 oder des Wälzhebels CD vollständig bestimmt.

Wie bereits erwähnt, tritt bei der Relativbewegung von g gegen r oder von System S_2 gegen S_1 neben dem Rollen ein Gleiten ein. P ist nicht mehr der Pol der Relativbewegung. Man findet den momentanen Pol Q als Schnitt der Verbindungslinie CB mit der Richtung MP. $PQ \cdot \omega_{21} (\omega_{21} = \text{Winkelgeschwindigkeit von } S_2 \text{ gegen } S_1)$ ist die momentane Gleitgeschwindigkeit, sie kann auch als die geometrische Differenz $V_P V_{P_1}$ der Geschwindigkeiten v_P und v_{P_1} gefunden werden, wobei $v_{P_1} = PB \cdot \omega_1 = PB \cdot \operatorname{tg} \vartheta_1$ die Geschwindigkeit des zum System S_1 gehörigen Punktes P ist.

Bei den Wälzhebeln, wie sie an Steuerungsgetrieben benützt werden, wird die Wälzbahn r vielfach wenigstens teilweise sehr flach ausgeführt. Der Krümmungsmittelpunkt läßt sich dann bei der Aufzeichnung nicht mehr auf dem Zeichenblatt eintragen, man hilft sich dann bei der Konstruktion der Geschwindigkeiten und Beschleunigungen des Hebels g in der Weise, daß man das Getriebe im verzerrten Maße darstellt und die einzelnen Geschwindigkeits- und Beschleunigungsvektoren, welche sich zeichnerisch nicht ermitteln lassen, rechnerisch oder analytisch bestimmt, was keinerlei Schwierigkeiten macht.

III. Die Massenkräfte bewegter ebener Systeme.

§ 39. Erklärung des Begriffes Massendruck.

Der Endzweck der Bestimmung der Beschleunigungsverhältnisse eines Systems oder Getriebes ist immer die Ermittlung der Massendrucke. Dieser Ausdruck soll zunächst etwas näher erläutert werden. Die Beschleunigung, welche ein mit Masse behafteter, kurzum ein materieller Punkt bei der Bewegung längs seiner Bahn erfährt, ist die Wirkung einer Kraft, welche an dem Punkte angreift. Diese Kraft, welche ebenso wie Geschwindigkeit und Beschleunigung als Vektor darzustellen ist, hat mit der Beschleunigung gleiche Richtung und auch den gleichen Richtungssinn. Sind die Beschleunigung und die Masse des materiellen Punktes bekannt, so berechnet sich aus der Newtonschen Grundgleichung Kraft = Masse $\times$ Beschleunigung oder $K = M \cdot b$ die Größe der Kraft. Die Masse eines Körpers findet man bekanntlich aus dessen Gewicht durch Division mit der Erdbeschleunigung g, welche rund $980 \dfrac{\mathrm{cm}}{\sec^2}$ ist. Ist der bewegte Punkt sich selbst überlassen, so daß die Kraft K verschwindet, so wird auch die Beschleunigung zu Null; d. h. es tritt keine Geschwindigkeitsänderung ein. Die absolute Punktbahn ist eine Gerade, welche mit gleichförmiger Geschwindigkeit durchlaufen wird. Der Inhalt dieses Satzes ist das Trägheitsgesetz. Die Kraft, welche dem bewegten Punkt die Beschleunigung erteilt, geht immer von einem zweiten materiellen Punkt oder Körper aus, sie kann eine Fernkraft sein, wie z. B. die Gravitation oder die magnetischen Kräfte, sie kann aber auch, und das ist bei den hier behandelten Aufgaben durchweg der Fall, von dem zweiten Körper durch direkte Berührung mit dem bewegten Punkt auf diesen übertragen werden. Nach dem Gesetz von Aktion und Reaktion übt nun der bewegte Punkt auf den Körper, der ihm die Beschleunigung erteilt, eine Rückwirkung aus, diese bezeichnet man als den Massendruck. Man kann auch sagen: der Massendruck ist jene Kraft, mit welcher der bewegte Punkt einer Geschwindigkeitsänderung oder Beschleunigung zu widerstehen sucht. Der Massendruck ist der Kraft, welche die Beschleunigung hervorbringt, entgegengesetzt gerichtet und von derselben Größe wie diese. Bei den hier behandelten Aufgaben werden immer nur die Massendrücke, welche mit den Beschleunigungen gleichgerichtet sind, aber den entgegengesetzten Pfeil wie diese besitzen, an dem materiellen Punkt eingezeichnet.

§ 40. Die Resultierende der Massendrücke eines ebenen Systems.

Die Fig. 146 stellt ein beliebig umgrenztes, bewegtes, ebenes System dar. Der momentane Beschleunigungszustand desselben sei bekannt, etwa dadurch, daß der Beschleunigungspol R und die Beschleunigung eines beliebigen Systempunktes gegeben seien. Außerdem sei vorausgesetzt, daß man die Massenverteilung des Systems kenne. Aus dem System denke man sich ein Massen- oder Flächenelement A mit beliebigem Umriß herausgegriffen, dessen Mittel- oder Schwerpunkt die Beschleunigung b besitze. Für alle Punkte des Elementes kann die Beschleunigung als konstant angesehen werden, so daß man sagen kann: b ist die Beschleunigung von A. Hat das Element die Masse m, so ist der Massendruck k desselben $= m\,b$. Die Kraft k ist in der Figur eingezeichnet. Jene Kraft, welche A die Beschleunigung b erteilt, ist

ebenso groß wie k, aber von entgegengesetzter Richtung. Der zweite Körper, von dem oben die Rede war, welcher das Element A beschleunigt, besteht hier in den A umgebenden Massenelementen. Zwischen den einzelnen Körperteil-
chen treten demnach Kräfte
auf, es sind dies die durch
die Massenwirkung hervor-
gerufenen inneren Bean-
spruchungen.

Die Gesamtheit aller
Kräfte k kann man zu
einer in Fig. 146 mit l bezeichneten Resultierenden
zusammenfassen; wie l zu
ermitteln ist, kann als be-

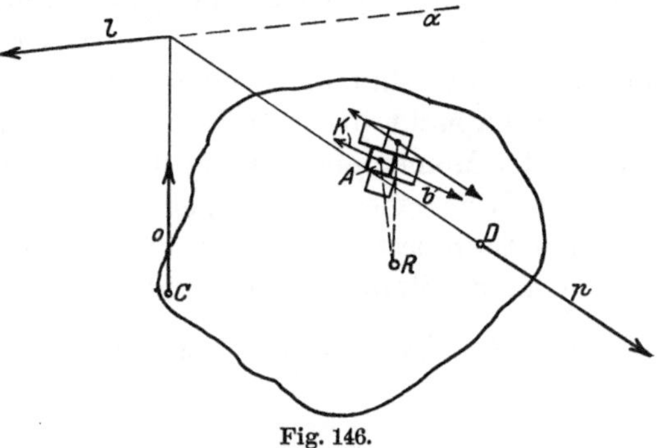

Fig. 146.

kannt vorausgesetzt werden. Die Resultierende l wirkt in Richtung der Geraden α, deren Lage zu dem bewegten System durch die Verteilung der einzelnen Massenkräfte k bestimmt ist. Die Resultierende aller an dem Körper angreifenden äußeren Kräfte, welche den Beschleunigungszustand desselben erzwingen, muß der Kraft l entgegengesetzt gleich sein und in die Richtung α fallen; das Kräftepolygon, gebildet
aus l und den sämtlichen äußeren Kräften,
muß sich schließen. In der Fig. 146 ist angenommen, es würden zwei äußere Kräfte o
und p in den Punkten C und D des Systems
angreifen; damit sich l, o und p im Gleichgewicht halten, müssen alle drei Kräfte
durch einen Punkt gehen. Sind von den
beiden äußeren Kräften die Richtungslinien,
in welchen sie wirken, gegeben, so sind auch
die Größen der Kräfte durch die Resultierende l bekannt.

Im folgenden sollen für einige grund-
legende Fälle die Kraftverhältnisse ermittelt
werden.

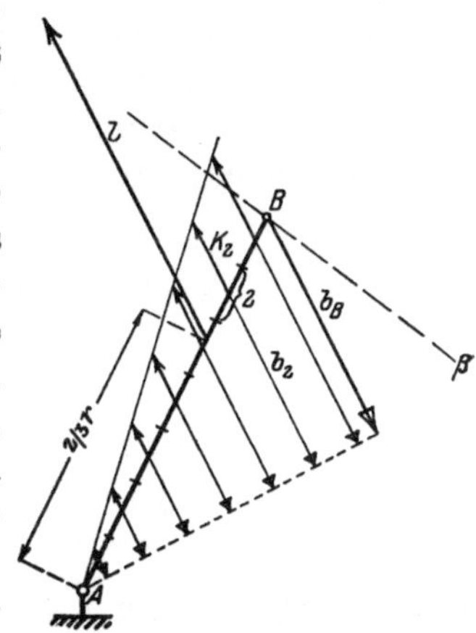

Fig. 147.

In Fig. 147 besteht das bewegte System aus der Stange AB, welche um den festen Punkt A sich dreht, die Beschleunigung b_B des Endpunktes sei bekannt. Die Stange soll durchlaufend den gleichen Querschnitt besitzen und in ihrer Massenverteilung vollkommen homogen sein, die Masse der Längeneinheit sei m. Die Länge von AB sei mit r bezeichnet. Um auf graphischem Wege die resultierende Massenkraft l zu finden, unterteilt man sich die Länge r in eine Reihe kleiner Abschnitte, für den Mittelpunkt jedes Abschnittes kann man die Beschleunigung ermitteln; so hat in Fig. 147 z. B. das Teilchen *2* der Stange, dessen Länge $= \varDelta r$ sei, die Beschleunigung b_2. Der Massendruck von *2* ist b_2 entgegengesetzt gerichtet und hat die Größe $\varDelta r \cdot m \cdot b_2$. Da die Massendrücke sämtlicher Elemente in diesem Beispiel untereinander parallel sind, so ist l die algebraische Summe aus k_1, k_2, k_3 ... Den Angriffspunkt der Kraft l an der Stange findet man durch Aufstellung der Momentengleichung um A. Man kann die Resultierende l auch mit Hilfe eines Seilpolygons bestimmen.

Analytisch bestimmt sich die Kraft l folgendermaßen. Das Längenelement dx der Stange im Abstande x von A übt einen Massendruck dk aus. $dk = b_B \cdot \dfrac{x}{r} \cdot m\, dx \left(b_B \dfrac{x}{r}\right.$ ist die Beschleunigung $\left. b_x\right)$; folglich

$$l = \int\limits_{x=0}^{x=r} b_B \frac{m}{r}\, x\, dx \qquad \text{oder} \qquad l = b_B \frac{m \cdot r}{2}\,.$$

D. h. die resultierende Massenkraft einer sich um einen festen Punkt drehenden Stange, deren Masse für jede Längeneinheit dieselbe ist, ergibt sich als Produkt aus der halben Masse der ganzen Stange und der Beschleunigung des Stangenendpunktes. Der Abstand y des Angriffspunktes der Kraft l von A ergibt sich aus der Momentengleichung. Wird der Winkel zwischen der Richtung von b_B und jener von AB mit α bezeichnet, so ist

$$l \cdot y \sin\alpha = \int\limits_{x=0}^{x=r} b_B \frac{m}{r} \cdot x^2 \sin\alpha\, dx$$

oder

$$y = \frac{b_B\, m}{r \cdot l} \int\limits_{x=0}^{x=r} x^2\, dx = \frac{b_B\, m\, r^3}{3\, r \cdot l} = \frac{b_B \cdot m\, r^2 \cdot 2}{3\, b_B \cdot m \cdot r} = \tfrac{2}{3} r\,.$$

Der Angriffspunkt der resultierenden Massenkraft ist um zwei Drittel der Stangenlänge vom Drehpunkt entfernt.

Ist die Masse pro Längeneinheit der Stange nicht konstant, so führt das rechnerische Verfahren nur dann zum Ziel, wenn die Massenverteilung als Funktion des Abstandes von A bekannt ist. In diesem Fall benützt man am besten immer die graphische Methode.

Die Resultierende l muß mit den an der Stange angreifenden äußeren Kräften im Gleichgewicht stehen. Die äußeren Kräfte können in der mannigfachsten Art an der Stange angreifen. Beispielsweise möge in B eine Kraft in der Richtung β wirken. Nach dem D'Alembertschen Prinzip (siehe auch **Föppl**, Band IV, Dynamik) kann man sich, sobald man die sämtlichen Massendrucke an dem System eingezeichnet hat, das bewegte System als ruhend vorstellen und an diesem die Kräfteverhältnisse untersuchen. Für den Fall, daß in B eine Kraft in Richtung β wirkt, erscheint dann die bewegte Stange als ein in A und B aufgelagerter Balken, der Auflagerdruck in A kann beliebig gerichtet sein, die Auflagerung in B muß derart sein, daß der Auflagerdruck in die Richtung β fallen muß (z. B. Rollenlager in B) (siehe Fig. 148). Verbindet man in Fig. 148 den Schnittpunkt der Richtungen von β und l mit A, so gibt diese Verbindung die Richtung der äußeren Kraft p in A oder des Gelenkdruckes in A an. Durch Ziehen zweier Parallelen zu β und p durch die Endpunkte des Vektors l findet man die Größen der äußeren Kräfte o und p. Will man die Biegungsbeanspruchung oder die elastischen Durchbiegungen des Stabes AB infolge der Massen-

wirkung ermitteln, so darf man natürlich nicht die Resultierende l als Belastung des Stabes auffassen, man muß sich vielmehr in jedem einzelnen Massenteilchen von AB den Massendruck eintragen. Die weitere Behandlung nach dieser Seite fällt nicht mehr in das Gebiet der Kinematik, sondern ist Aufgabe der Festigkeitslehre.

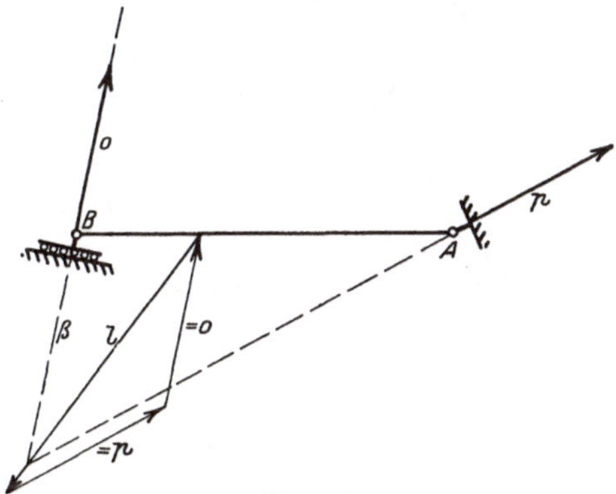

Fig. 148.

Die eingeleitete äußere Kraft, welche den Beschleunigungszustand des Stabes hervorbringt, kann in jedem Punkt der Stange angreifen, es kann auch von einer Welle aus, deren Achse durch A geht, und auf welche die Kurbel AB fest aufgekeilt ist, ein Moment auf den Stab übertragen werden. Die Beanspruchungen werden dann natürlich andere als oben; um sie zu finden, denkt man sich den Stab ruhend, fest eingespannt in A und daran die Massendrucke eingezeichnet.

Es soll nun dazu übergegangen werden, die Kräfteverhältnisse des Stabes AB zu bestimmen, wenn die Endpunkte A und B beide mit beliebig vorgegebenen Beschleunigungen sich bewegen (Fig. 149). Die Beschleunigung b_C eines beliebigen Punktes C der Stange kann man dadurch ermitteln, daß man auf der Verbindungsstrecke (Fig. 149) $B_A B_B$ den Punkt B_C sucht, welcher die Strecke im gleichen Verhältnis teilt, wie C die Stange AB. $CB_C = b_C$. Eine einfache und zur Aufsuchung der Resultierenden der Massenkräfte bequeme Konstruktion ist die folgende. In Fig. 149 ist die Strecke $CD = b_C'$ parallel BB_B und $CE = b_C''$ parallel AB_A gezogen. Die Punkte D und E liegen auf den Verbindungslinien AB_B resp. BB_A. b_C' und b_C'' versehe man mit Endpfeilen in Richtung b_B resp. b_A.

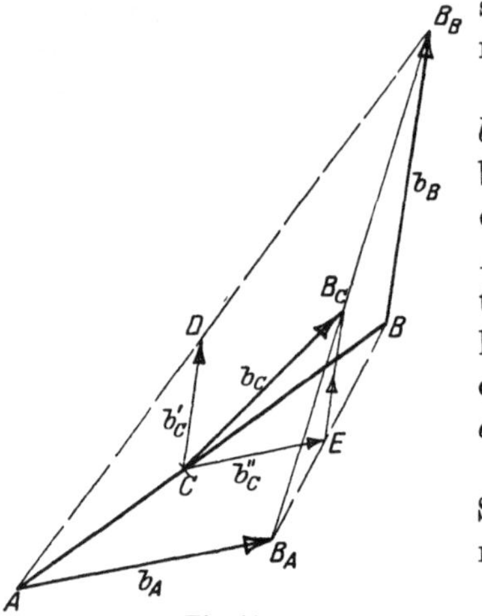

Nun ist die geometrische Summe aus b_C' und b_C'' die Beschleunigung b_C (die Verbindungsstrecke EB_C muß $\nparallel b_C'$ sein, da die Punkte D, B_C und E die Strecken AB_B, $B_A B_B$ und BB_A im gleichen Verhältnis teilen). Der Massendruck eines bei Punkt C herausgegriffenen Elementes von AB mit der Masse dm ist gleich $dm \cdot b_C$ oder gleich $dm \cdot b_C' + dm\, b_C''$.

Die Resultierende l ist die geometrische Summe der Massendrücke aller Einzelelemente. Somit

$$l = \Sigma dm \cdot b_C' + \Sigma dm\, b_C'' = l_1 + l_2\,,$$

worin $l_1 = \Sigma dm\, b_C'$ und $l_2 = \Sigma dm\, b_C''$.

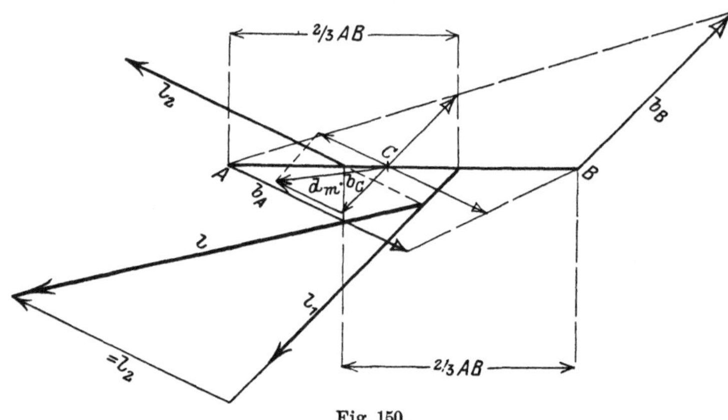
Fig. 149.

Die geometrische Summe l_1 resp. l_2 ermittelt sich in genau derselben Weise wie bei dem ersten Beispiel. Die Kraft l_1 greift in einem

Fig. 150.

Punkt an, der um zwei Drittel der Stablänge von A entfernt ist, ihre Größe $= \dfrac{M \cdot b_B}{2}$, wenn M die Masse des ganzen Stabes darstellt. Der Angriffspunkt der Kraft l_2 ist um zwei Drittel der Strecke AB von B entfernt. $b_2 = \dfrac{M \cdot b_A}{2}$ (Fig. 150). Die Kraft l ist die Resultierende aus den beiden Kräften l_1 und l_2 (siehe auch Tolle, Regelung der

Kraftmaschinen, S. 40). Die Richtungslinie der Kraft l geht natürlich durch den Schnittpunkt der Richtungen von l_1 und l_2.

Ist der Stab nicht prismatisch, oder ist die Massenverteilung pro Längeneinheit nicht konstant, so ermittelt man die Resultierende l nach der allgemeinen Methode, indem man AB in eine Reihe kleiner Elemente teilt, für jedes Element den Massendruck bestimmt und die sämtlichen Einzelkräfte mit Hilfe eines Seilpolygons zusammenfaßt.

§ 41. Die Arbeit der Massendrücke.

Bei der Bewegung des materiellen Punktes C in Fig. 151 mit der Masse m leistet der Massendruck k_C eine bestimmte Arbeit. Ist k_C' die

Projektion von k_C auf die Richtung der Geschwindigkeit, so hat die Arbeit von k_C bei der unendlich kleinen Bewegung von C längs des Wegelementes ds die Größe $k_C' \cdot ds$. In Fig. 152

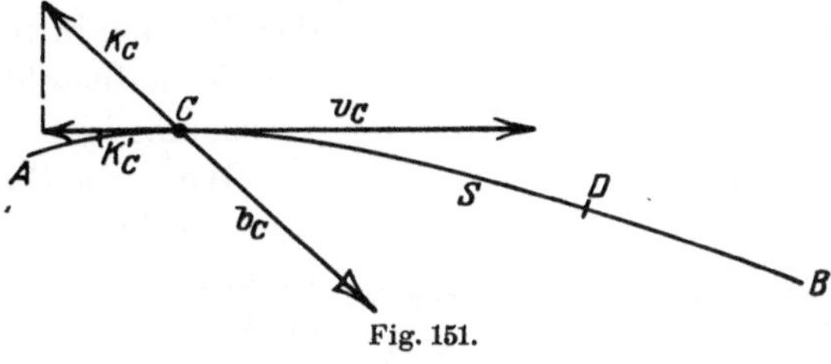

Fig. 151.

ist für jede Lage des Punktes C der Massendruck k_C' senkrecht über dem Weg S als Abszisse aufgetragen, und die Endpunkte aller Kräfte k_C' sind durch eine Kurve verbunden. Die mit F_1 und F_2 bezeichneten

Flächen geben in einem bestimmten Maßstab die Arbeit an, welche der Punkt C während der Bewegung von A nach D, resp. von D nach B

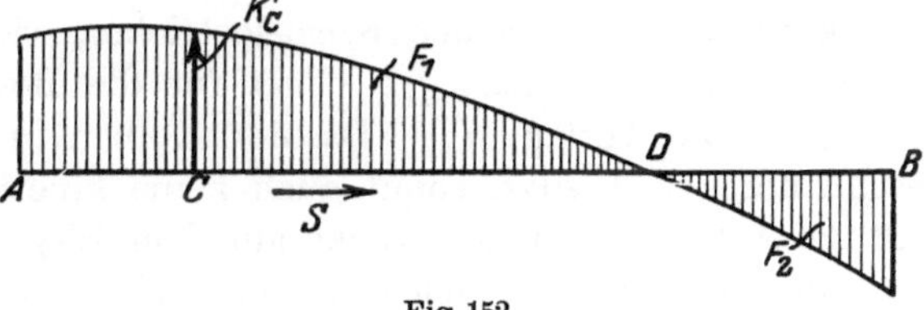

Fig. 152.

leistet (Fig. 151, 152). Während C die Wegstrecke AD durchläuft, ist die Kraft k_C' der Geschwindigkeitsrichtung stets entgegengesetzt, d. h. die Arbeit F_1 ist eine negative. Auf der Wegstrecke DB haben die Vektoren k_C' und v_C den gleichen Pfeil, weshalb die Arbeit F_2 positiv zu rechnen ist.

Im Anfangspunkt A der ins Auge gefaßten Wegstrecke AB oder S in Fig. 151 sei die Geschwindigkeit von C gleich v_C'. Die kinetische Energie, welche der Punkt in A hat, ist $\dfrac{m}{2} \cdot (v_C')^2$. Zu Ende der Wegstrecke AC ist die Geschwindigkeit v_C und die kinetische Energie des Massenpunktes $\dfrac{m}{2} \cdot (v_C)^2$. Die Arbeit des Massendruckes bei der Bewegung von A bis C, also die in Fig. 152 über AC stehende Fläche muß gleich sein der Differenz der kinetischen Energien in A und C oder gleich

$[(v_C')^2 - (v_C)^2] \cdot \dfrac{m}{2}$. In B möge die Geschwindigkeit des Punktes v_C'' sein, zwischen v_C', v_C'', den Flächen F_1 und F_2 muß dann die folgende Beziehung bestehen:

$$[(v_C')^2 - (v_C'')^2]\,\frac{m}{2} = F_1 - F_2\,.$$

Zur Fig. 151 ist noch zu bemerken, daß die arbeitleistende Komponente k_C' des Massendruckes k_C auch gefunden werden kann als das Produkt aus der Tangentialbeschleunigung und der Masse m. Die Normalbeschleunigung, welche die Größe der Geschwindigkeit nicht beeinflußt, kann keine Arbeit leisten. Bei der Untersuchung der Arbeit der Massenkräfte könnte man demnach die Normalbeschleunigungen vollkommen vernachlässigen.

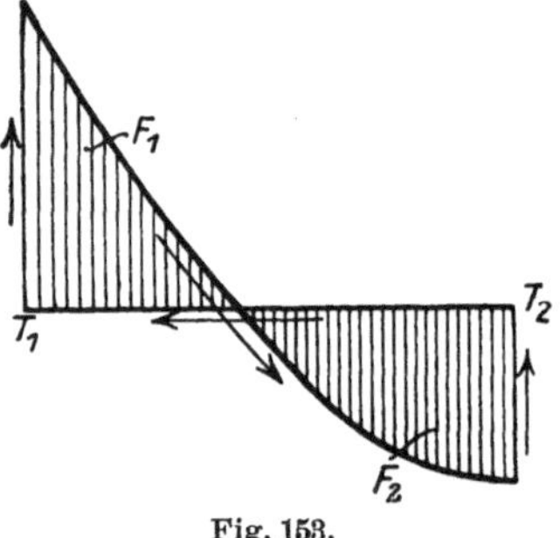

Fig. 153.

Wenn die Bahn des materiellen Punktes geradlinig ist, so gibt die Fläche des Diagramms der Beschleunigungen, welche als Ordinate rechtwinklig zum Weg aufgetragen werden, direkt ein Maß für die Arbeit der Massendrücke.

In Fig. 153 ist das Diagramm der Beschleunigungen des Kolbens oder des Kreuzkopfes eines normalen Kurbelgetriebes, wie es in Fig. 101 konstruiert wurde, nochmals gezeichnet für die Bewegung aus der Totlage T_1 in die Totlage T_2. Da der Kolben in T_1 und in T_2 keine Geschwindigkeit besitzt, somit auch keine kinetische Energie hat, so muß die Arbeit der Massendrücke auf dem Weg von T_1 nach T_2 Null sein, oder die beiden Flächen F_1 und F_2 müssen inhaltsgleich sein. Man benützt diese Bedingung häufig dazu, das Beschleunigungsdiagramm zu kontrollieren. Man umfährt dieses im Sinn der Pfeile mit einem Planimeter und mißt damit unmittelbar die Differenz $F_1 - F_2$, verschwindet diese, so hat man eine gewisse Sicherheit für die Richtigkeit des Beschleunigungsdiagramms.

Um bei einem bewegten System die Arbeit der Massendrücke zu ermitteln, kann man wieder das System in kleine Massenelemente zerlegen, für jedes einzelne Element die Arbeitsleistung bestimmen und die Arbeiten sämtlicher Elemente unter Beachtung der Vorzeichen derselben addieren. Man kann die Arbeit einfacher auch in der Weise finden, daß man in jeder Systemlage die Resultierende l der Massendrücke aufsucht und deren Arbeitsleistung ermittelt. In Fig. 154 ist durch die Stange AB ein bewegtes System dargestellt. AB sei etwa ein Glied einer Steuerung einer Dampfmaschine. In der augenblicklich gezeichneten Lage sei l die resultierende Massenkraft. k_1

und k_2 seien die äußeren Kräfte, welche den Beschleunigungszustand des Systems erzwingen; sie müssen mit l im Gleichgewicht stehen, weshalb die Arbeit von l gleich sein muß der Summe der Arbeitsleistungen der Kräfte k_1 und k_2. Denkt man sich die Maschine im stationären Lauf, so wird während jeder Umdrehung derselben die Stange AB genau dieselbe Bewegung ausführen. Die kinetische Energie, welche die Stange in der in Fig. 154 gezeichneten Ausgangslage besitzt,

ist dann ebenso groß wie die Energie nach einem Umlauf der Maschine, wobei die Endpunkte A und B der Stange ihre Bahnen S_A resp. S_B gerade einmal umlaufen. Die Summe der Arbeiten der Kräfte k_1 und k_2 muß daher für einen vollen Umlauf Null ergeben, oder die Arbeit von k_1 muß entgegengesetzt gleich sein der Arbeit von k_2. Dies gilt natürlich nicht, wenn die

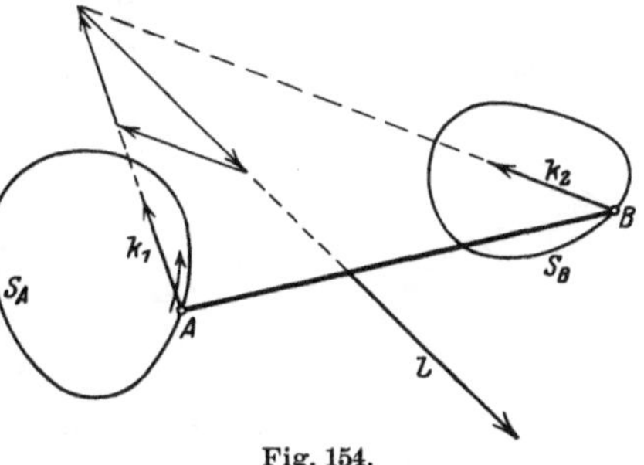

Fig. 154.

Maschine an- oder ausläuft; in diesem Fall muß die Summe der Arbeiten von k_1 und k_2 ebenso groß sein wie die Zu- oder Abnahme der kinetischen Energie des Systems AB von Beginn bis Ende eines Umlaufs.

§ 42. Die Kräfte am Mechanismus, hervorgerufen durch Massenwirkung der einzelnen Glieder.

Jene Kräfte, welche von dem Mechanismus oder dem Getriebe von einem Glied aus zu einem andern übertragen werden (z. B. die Kolbenkraft, welche durch das Gestänge zur Hauptwelle übergeleitet wird, oder die Kraft, welche von einer Steuerwelle ausgeübt werden muß zur Überwindung der Ventilbelastung usf.), sowie alle Kräfte, welche infolge der Reibungen und auch durch das Gewicht der einzelnen Glieder in den Gelenken auftreten, werden in folgenden Untersuchungen nicht mitbesprochen. Die Kräfte, welche durch die Massenwirkung ausgelöst werden, können unabhängig von allen andern für sich erörtert werden.

a) Allgemeines Kurbelgetriebe.

An der Vierzylinderkette $CABD$, von welcher die Gewichte der einzelnen Glieder gegeben sind, sollen die infolge der Massenwirkung auftretenden Gelenkdrücke ermittelt werden aus dem als bekannt vorausgesetzten Beschleunigungszustand des Getriebes (Fig. 155). Die äußere Kraft, welche der Vierzylinderkette die Beschleunigung erteilt, greife in B an und sei jederzeit senkrecht zu BD.

Bei der Behandlung derartiger Aufgaben nimmt man meistens an, die einzelnen Glieder seien prismatische Stäbe, so daß die Masse pro Längeneinheit für alle Teile eines Stabes die gleiche ist. Dies trifft bei einer wirklichen Ausführung niemals ganz, aber doch mit ziemlicher Annäherung zu. Mit dieser vereinfachenden Annahme kann man, wie dies in Fig. 155 ausgeführt ist, die resultierenden Massendrücke l_1, l_2, l_3 der Stäbe CA, AB, BD nach den bekannten Methoden bequem ermitteln. Es steht natürlich nichts im Wege, die genaue

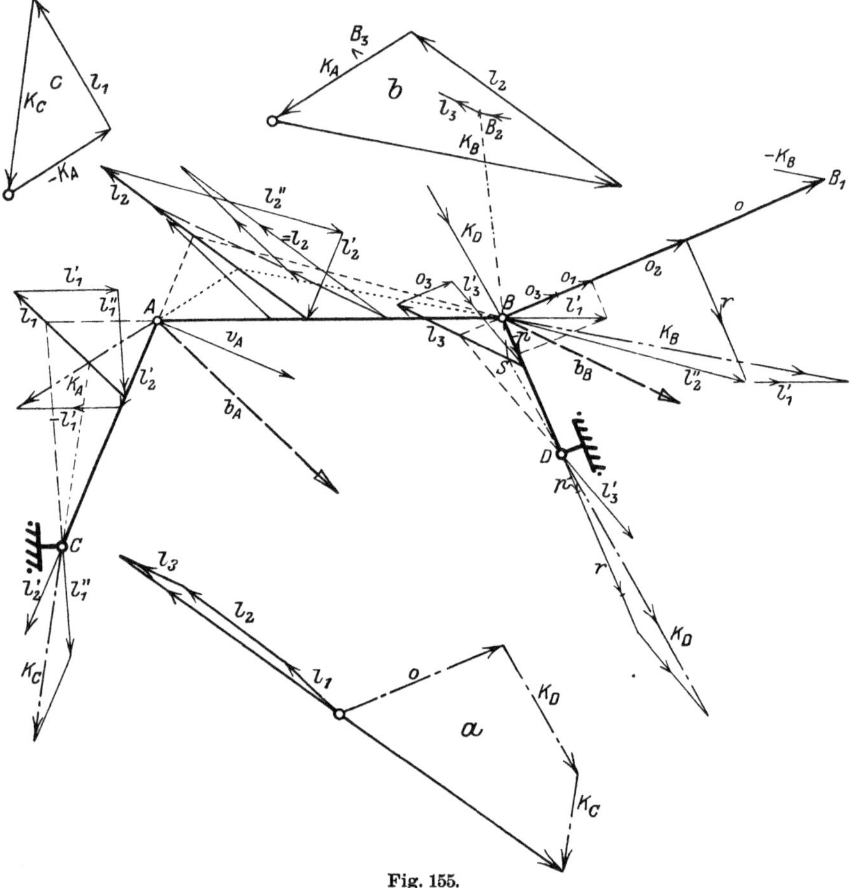

Fig. 155.

Massenverteilung bei der Bestimmung der Resultierenden zugrunde zu legen; da es aber meist auf eine absolut genaue Bestimmung der Gelenkdrücke nicht ankommt, so ist die obige Annahme zulässig.

Nach dem D'Alembertschen Prinzip kann man sich das Getriebe ruhend vorstellen, sobald man sich die Massenkräfte l_1, l_2 und l_3 an den Stäben angreifend denkt. An der ruhenden Vierzylinderkette können die Gelenkdrucke in der Weise ermittelt werden, daß man jede einzelne der Resultierenden l_1, l_2 und l_3 für sich allein an dem Getriebe angreifend denkt und hierfür die Gelenkdrücke und die äußere Kraft bestimmt, man erhält dann in jedem Gelenkpunkt mehrere Komponenten, deren Resultierende den Gelenkdruck ergibt.

Der Kraft l_1 wird durch l_1' in Richtung AB und durch l_1'' das Gleichgewicht gehalten. Die Richtungslinie von l_1'' ist die Verbindungsgerade von C mit dem Schnittpunkt des Vektors l_1 mit AB. Durch die Stange AB wird l_1' nach B übertragen, hier zerfällt l_1' in die beiden Komponenten senkrecht und in Richtung von BD, welche mit o_1 resp. p bezeichnet sind. o_1 ist eine Komponente der äußeren Kraft; p wird nach D übertragen. Man nehme weiter an, der Massendruck l_2 wirke allein an dem Getriebe, l_2 ruft zwei Kräfte l_2' und l_2'' hervor; l_2' in Richtung AC, l_2'' längs der Verbindungslinie von B mit dem Schnittpunkt von AC mit l_2 wirkend. l_2' wird durch Stange AC nach C übertragen. l_2'' zerfällt in genau der gleichen Weise wie l_1' in zwei Komponenten o_2 und r. Die resultierende Massenkraft l_3 wird durch die Komponente o_3 und l_3' aufgenommen; l_3' geht durch D. Die Wirkungslinien der drei Kräfte l_3, l_3' und o_3 müssen sich wieder in einem Punkt schneiden. Die algebraische Summe aus o_1, o_2 und o_3 ist die gesamte äußere Kraft, welche den momentanen Beschleunigungszustand der Vierzylinderkette hervorruft. Die geometrische Summe aus l_2' und l_1'' ergibt den Gelenkdruck k_C, welcher von dem Punkte C des ruhenden Systems auf das Glied AC übertragen wird. Der Gelenkdruck k_D ist die Resultierende aus p, r und l_3'. Nach dem D'Alembertschen Prinzip müssen sich die Kräfte l_1, l_2, l_3 und o, k_D, k_C im Gleichgewicht halten, oder die Resultierende aus l_1, l_2 und l_3 muß entgegengesetzt gleich sein jener aus o, k_D und k_C. Diese Kontrolle ist in Fig. 155a, in welcher die Vektoren im halben Maßstab wie in Fig. 155 gezeichnet sind, ausgeführt.

Der Gelenkdruck k_A in A, darunter sei jene Kraft verstanden, welche das Glied AC in A gegen AB ausübt, ist die geometrische Summe aus l_2' und $-l_1'$; der Gelenkdruck k_B ist die geometrische Summe aus l_2'' und l_1'. Damit sind sämtliche Gelenkdrücke konstruiert. Da man bei der Zerlegung der Kräfte sehr leicht Vorzeichenfehler begeht, so ist es bei solchen Aufgaben nach beendigter Untersuchung unbedingt erforderlich, einige Kontrollen vorzunehmen. Die Richtungen der Vektoren k_A und k_B müssen sich auf l_2 schneiden, da die drei Kräfte l_2, k_A und k_B, welche an Glied AB angreifen, ein Gleichgewichtssystem bilden müssen, deshalb muß sich auch das Polygon aus k_A, k_B und l_2 schließen (Fig. 155b). An der Stange AC greifen die drei Kräfte l_1, $-k_A$ und k_C an, ihre Resultierende muß Null sein, (Fig. 155c) und ihre Wirkungslinien müssen sich in einem Punkt treffen. An Glied BD wirken vier Kräfte, o, $-k_B$, l_3 und k_D, diese müssen sich das Gleichgewicht halten (siehe Polygon $BB_1B_2B_3$). Die Richtung der Resultierenden zweier Kräfte, etwa von o und $-k_B$, also die Gerade BB_2, muß durch den Schnittpunkt S der beiden andern Kräfte gehen.

Bewegt sich das Getriebe $CABD$ periodisch, so zwar, daß der gleiche Geschwindigkeitszustand wieder eintritt, wenn das Getriebe seine Ausgangslage zum zweitenmal einnimmt, so muß die Summe der Arbeiten der Kräfte k_A und k_B, wie nachgewiesen, für eine Periode Null ergeben. Die Arbeit der Kraft k_A muß ebenso groß sein wie die Arbeit ihrer Komponenten $-l_1'$ und l_2' oder, da l_2' stets durch den festen Punkt C geht, auch ebenso groß wie die Arbeit von $-l_1'$ oder l_1', auf das Vorzeichen kommt es dabei nicht an. Da die Kraft l_1'' keine Arbeit leistet, so ist die Arbeit von l_1' ebenso groß wie jene der Kraft l_1, also Null für eine volle Periode. Die Arbeitsleistung der Gelenkdrücke k_A resp. k_B müssen einzeln für sich Null ergeben, dann verschwindet natürlich auch ihre Summe. Hat man die Kraftverhältnisse für verschiedene Lagen innerhalb einer Periode ermittelt, so macht man sich ein Diagramm, dessen Abszisse der Weg eines Gelenkpunktes ist; als Ordinate trägt man die Komponente des Gelenkdruckes in der Geschwindigkeitsrichtung auf. Die Kontrolle darüber, daß die Arbeit während einer Periode verschwindet, führt man mit dem Planimeter aus. Nach dem Umfahren der Fläche wird das Planimeter auch bei richtiger Konstruktion einen kleinen Ausschlag zeigen, welcher sich durch die Zeichenungenauigkeiten einstellt.

Bei der eben behandelten Aufgabe war der Beschleunigungszustand des Getriebes von vornherein bekannt und die Kräfte waren zu ermitteln, nun kann auch umgekehrt zu einer bekannten äußeren Kraft o in Fig. 156 der Beschleunigungszustand der Vierzylinderkette ermittelt werden, wenn dessen momentane Geschwindigkeitsverhältnisse gegeben sind. In Fig. 156 ist, um die Untersuchung möglichst einfach zu halten, angenommen, die Vierzylinderkette $CABD$ sei in dem betrachteten Augenblick in Ruhe, so daß durch die äußere Kraft o eine Bewegung überhaupt erst eingeleitet wird. Da der Punkt B momentan keine Geschwindigkeit hat und somit die Normalkomponente seiner Beschleunigung verschwindet, so muß b_B senkrecht zu BD stehen. Die Richtung von b_B ist gleichsinnig mit der äußeren Kraft o. Die Größe des Vektors b_B nehme man beliebig an und konstruiere sich hierzu die Beschleunigung b_A, welche ebenfalls senkrecht auf AC steht. Da nun der Beschleunigungszustand des Getriebes festgelegt ist, so kann man die sämtlichen Kräfte konstruieren. Die gefundene äußere Kraft sei o_1; zur Kontrolle der Richtigkeit der Konstruktion sind in Fig. 156a wieder die beiden Resultierenden der Massendrücke l_1, l_2 und l_3 bzw. der Kraft o_1 und der Gelenkdrücke k_D und k_C gezeichnet worden, welche entgegengesetzt gleich sein müssen.

Da die sämtlichen Kräfte, welche an dem Getriebe auftreten, den Beschleunigungen direkt proportional sind, so findet man den wirklich auftretenden Beschleunigungszustand des Getriebes, wenn man die Beschleunigungen b_B und b_A mit dem Verhältnis der Kräfte $\dfrac{o}{o_1}$ multipliziert.

In den allermeisten Fällen kann die Untersuchung der Kräfte beschränkt werden auf die Bestimmung der äußeren Kräfte und die Ermittlung der Gelenkdrücke, deren Größe erwünscht ist zur richtigen Dimensionierung der Gelenke und zur Berechnung der auftretenden Reibungen in denselben. Mitunter kommt es jedoch auch vor, daß

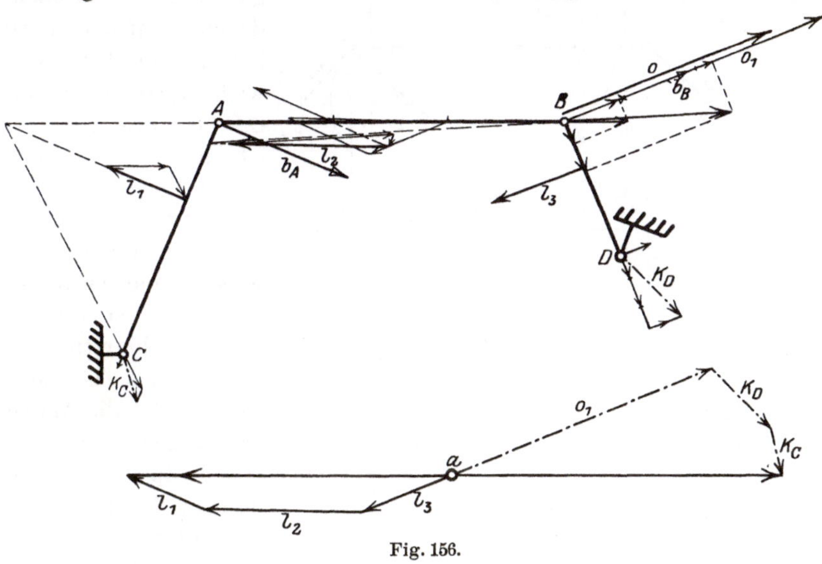

Fig. 156.

die Biegungsbeanspruchung der Glieder des Getriebes so bedeutend werden, daß sie nicht mehr vernachlässigt werden können. Bei der Dimensionierung der Glieder ist es natürlich nicht möglich, die Biegungskräfte, welche durch die Massenwirkung hervorgerufen werden, mit aller Schärfe sofort zu berücksichtigen, denn diese Kräfte sind abhängig von dem vorläufig unbekannten Gewicht des Gliedes. Man geht immer so vor, daß man schätzungsweise die Dimensionen des Gliedes festlegt und dann mit Hilfe einer besonderen Nachrechnung zusieht, ob dieses hinreichend stark ist, um die Massendrücke aufnehmen zu können. Die Bestimmung der größten biegenden Momente soll hier erfolgen für die Kuppelstange zweier Lokomotivtriebräder, die Biegungsbeanspruchungen werden hier ziemlich bedeutend, einmal wegen der großen Länge der Stange und dann auch wegen der hohen Tourenzahlen.

Die Mittelpunkte der beiden gekuppelten Räder seien A und B (Fig. 157a), die Kuppelstange ist mit CD bezeichnet. Für die Ermittlung der Biegungsbeanspruchung von CD ist anzunehmen, die Maschine laufe mit der höchsten Tourenzahl, dieser entspreche die Relativgeschwindigkeit v_C ($= v_D$) des Punktes C gegen A. Da die Translationsgeschwindigkeit von A und die Größe von v_C konstant bleiben, so besteht die Beschleunigung b_C von C ($= b_D$) lediglich in einer Normalbeschleunigung, welche sich aus der Relativbewegung von C gegen A ergibt. Die Beschleunigungen sämtlicher Punkte der Kuppelstange sind einander gleich. Um die Massendrücke aufsuchen zu können, muß die Gewichtsverteilung von CD bekannt sein, sie ist in Fig. 157b dadurch gegeben, daß über der Strecke CD in jedem Punkt derselben eine Ordinate gezeichnet ist, welche in dem betreffenden Punkt das Gewicht oder direkt die Masse pro Längeneinheit angibt. Man unterteile sich nun die Stange CD in kleine Elemente; der Mittelpunkt eines solchen Elementes sei E.

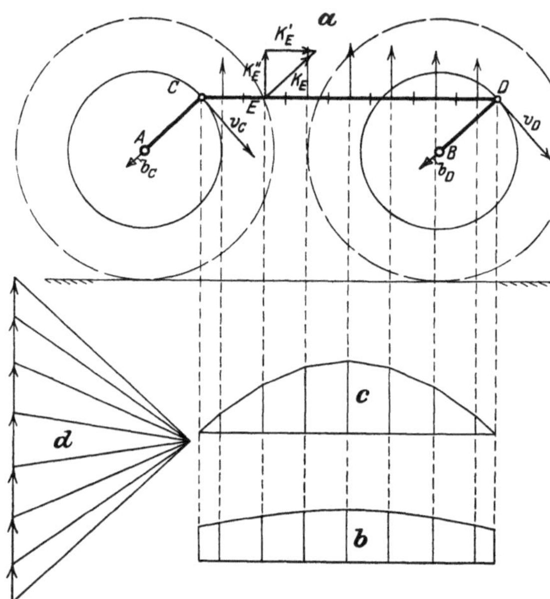

Fig. 157.

Der Massendruck k_E ist das Produkt aus der Beschleunigung $b_E = b_C$ und der Masse des Elementes, diese ergibt sich durch Multiplikation der Länge des Elementes mit der mittleren Masse pro Längeneinheit, welche aus Fig. 157b abzugreifen ist. Die Kraft k_E zerlege man in ihre beiden Komponenten k_E'' und k_E' senkrecht und parallel CD. k_E'' ist jene Kraft, welche die Stange auf Biegung beansprucht. Man bestimmt sich diese Komponente für jedes Element und findet mit Hilfe des Seilpolygons (Fig. 157d) die Momentenfläche (Fig. 157c), deren Ordinaten in einem bestimmten Maßstab direkt das in jedem Punkt der Kuppelstange auftretende Moment ergeben. Die Momente nehmen ihre Größtwerte an, wenn die Stange ihre höchste oder ihre tiefste Lage einnimmt.

Bei einer beliebig bewegten Stange können die größten Momente

in den einzelnen Querschnitten natürlich in verschiedenen Lagen sich
einstellen. Untersucht man beispielsweise eine Schubstange eines normalen Kurbelgetriebes, so findet man die größten Momente in der
Weise, daß man die Momentenfläche für mehrere Lagen sich ermittelt,
diese in irgendeiner Lage über der Schubstange aufträgt und die um-
hüllende Kurve der sämtlichen Momentenflächen einzeichnet. Die
Ordinaten bis zu dieser Kurve geben für jeden Querschnitt direkt die
Größtwerte der Momente an. Da derartige Belastungsfälle, wie sie
durch die Massendrücke hervorgerufen werden, in der Statik behandelt
werden, so kann hier auf eine nähere Untersuchung verzichtet werden.
Nur dies sei noch angeführt, daß infolge der periodisch sich ändernden
Massendrücke auch Resonanzerscheinungen mit den Eigenschwingungen
des Stabes eintreten können, welche diesen weit stärker beanspruchen,
als dies unter Zugrundelegung der größten Momentenfläche geschieht.

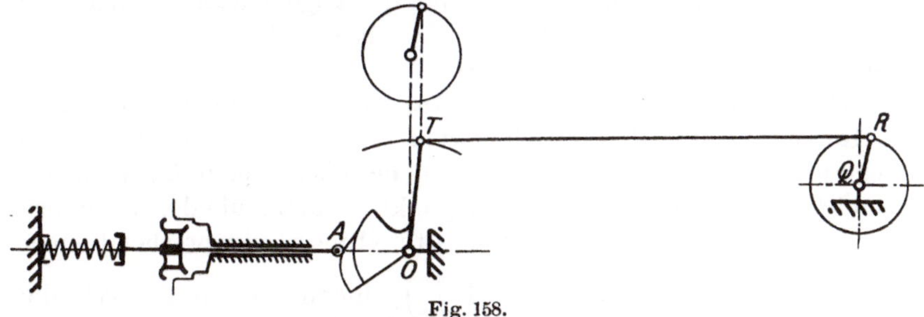

Fig. 158.

b) Der kraftschlüssige Mechanismus. Bestimmung der
Massendrücke des Ventils der Lentzsteuerung.

Bei einem zwangläufigen Mechanismus ist durch den geometrischen
Zusammenhang der einzelnen Glieder die Bewegung derselben eindeutig
bestimmt; nun gibt es auch Mechanismen, die an und für sich nicht
als zwangläufig bezeichnet werden können und erst zwangläufig werden
durch die Einwirkung einer äußeren Kraft. Solche Mechanismen heißen
kraftschlüssige Mechanismen.

Diese finden in den verschiedensten Ausführungsformen Anwendung. Für ein derartiges Getriebe (z. B. die Lentzsteuerung) soll
die Kraft bestimmt werden, die notwendig ist, um die Zwangläufigkeit
zu sichern. In Fig. 158 ist das Getriebe schematisch dargestellt.
Das Exzenter QR, welches von der Hauptwelle der Dampfmaschine
angetrieben wird, bewegt vermittels der Schwinge oder Exzenterstange RT die unrunde Scheibe, welche sich um den festen Punkt O
dreht. Von dieser aus wird das Ventil betätigt, dessen Spindel in
einer festen Führung gleitet. Die Achse der Ventilspindel geht durch O.
Die äußere Kraft wird durch eine Feder ausgeübt; sie macht das Getriebe dadurch zwangläufig, daß sie in jeder Lage die Rolle bei A zum

Aufliegen auf der Kurvenscheibe bringt. Es ist klar, daß ohne die Feder das Ventil von der Scheibe abgeschleudert würde. Auch bei vertikaler Anordnung, wobei das Gewicht des Ventils bestrebt ist, jederzeit ein Aufliegen der Rolle auf der Scheibe herbeizuführen, ist eine Feder notwendig, weil wegen der großen auftretenden Beschleunigungen das Gewicht allein nicht ausreicht, in jeder Lage die Zwangläufigkeit des Getriebes aufrecht zu erhalten.

Zur möglichsten Vereinfachung der Untersuchung wird angenommen, daß die Exzenterstange gegenüber der Exzentrizität so lang sei, daß ihre Länge als unendlich angesehen werden kann. In den verschiedenen Lagen des Getriebes hat dann die Stange immer die gleiche Richtung, diese sei parallel der Ventilspindel angenommen. Zu einer beliebigen Exzenterstellung findet man die Stellung der unrunden Scheibe dadurch, daß man um einen senkrecht über O gelegenen Mittelpunkt den Exzenterkreis zeichnet und die augenblickliche Lage des Exzentermittelpunktes auf den um O mit OT beschriebenen Kreis herunterprojiziert nach T (Fig. 158).

In Fig. 159a ist die Hubkurve α_7 (α_7 ist eigentlich die Äquidistante der Hubkurve durch den Mittelpunkt der Rolle an der Ventilspindel) angenommen, sie soll aus zwei Kreisen bestehen, deren Mittelpunkte B_7 und C_7 seien. Der Exzentermittelpunkt R durchlaufe den Exzenterkreis gleichförmig mit 180 Touren pro Minute, entsprechend einer Winkelgeschwindigkeit $\omega = 18{,}85 \left(\dfrac{1}{\text{sec}}\right)$, hieraus bestimmt sich die Größe der Geschwindigkeit v_R zu $0{,}377 \left(\dfrac{\text{m}}{\text{sec}}\right)$. (Die Strecken sind in der Originalfigur in natürlicher Größe gezeichnet; die Verkleinerung auf Seitenformat kann aus dem mitgedruckten Zentimetermaßstab festgestellt werden.) Als Maßstab für die Geschwindigkeitsvektoren ist angenommen $1\ \text{cm} = 0{,}2 \left(\dfrac{\text{m}}{\text{sec}}\right)$, damit ist der Maßstab für die Beschleunigung ebenfalls festgelegt, $1\ \text{cm} = 4 \left(\dfrac{\text{m}}{\text{sec}^2}\right)$. Das Getriebe ist in sieben verschiedenen Lagen gezeichnet. *1* und *7* entsprechen den beiden Endstellungen des Ventils. Für die Lage *5* soll die Konstruktion der Ventilbeschleunigung, wie sie bei der Besprechung der Schubkurvengetriebe angegeben worden ist, nochmals kurz wiederholt werden. Die Bewegung des Ventils kann man sich durch das Kurbelgetriebe $A_5 B_5 O$ entstanden denken. Durch den Winkelhebel $T_5 O B_5$ wird von T_5 her die Bewegung eingeleitet. Die Geschwindigkeit v_{T_5} wird gefunden, indem man parallel zu OQ den Endpunkt von v_{R_5} auf die Richtung von v_{T_5} nach V_{T_5} projiziert. Der Endpunkt der Beschleunigung b_{T_5} muß einerseits liegen auf dem Lot zu OT_5 in einem Abstande von T_5 gleich der Normalbeschleunigung, welche der Geschwindigkeit v_{T_5} entspricht,

a
R_1
R_5
b_R5
v_R5
Q
T_1
T_5
b_T5
v_T5
V_T5
b_T5
O
b_B5
v_B5
B_5
Ventilhub
1 3 4 5 6 7
2
E
F
B_7
A_5
7
6
5
4
3
2
1
α_7
C_7
0
5
10 cm
β
1
2
3
4
5
6
7
α
v_A5
b_A5
α'
b
Ventilhub

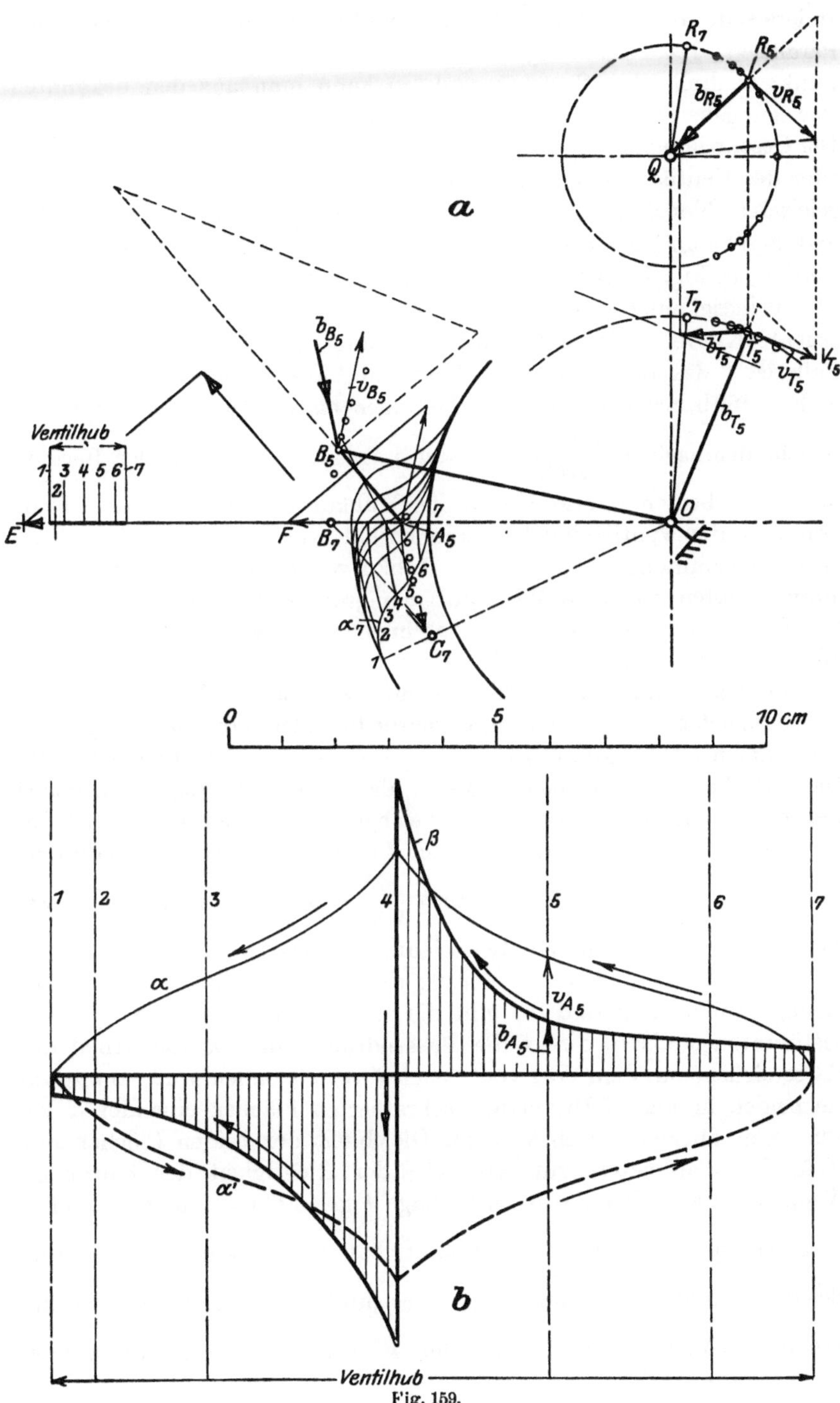

Fig. 159.

andererseits auf der durch den Endpunkt von b_{R_5} zu OQ gezogenen Parallelen. Da T_5 und B_5 zwei Punkte desselben sich um den festen Punkt O drehenden Systems sind, so kann man aus den bekannten Bewegungsverhältnissen von T_5 die Größen v_{B_5} und b_{B_5} bestimmen. Die Geschwindigkeit $A_5 F$ und die Beschleunigung $A_5 E$ des Punktes A_5 oder des Ventils können nach irgendeiner für das Kurbelgetriebe abgeleiteten Konstruktion aufgesucht werden. Die Geschwindigkeiten und Beschleunigungen des Ventils sind für alle sieben Lagen ermittelt worden, in Fig. 159b (Hub in zehnfacher natürlicher Größe) ist α das Geschwindigkeitsdiagramm für die Bewegung von 7 nach 1, die kongruente Kurve α' jenes für die Bewegung von 1 nach 7. Für beide Fälle ist β das Beschleunigungsdiagramm. Die Beschleunigungen sind in Fig. 159b achtmal kleiner aufgetragen als in Fig. 159a; 1 cm entspricht demnach $32 \left(\dfrac{\mathrm{m}}{\mathrm{sec}^2} \right)$. In der Lage 4, in welcher der Berührpunkt der beiden Kreise, welche die Hubkurve bilden, mit dem Endpunkt A der Ventilspindel zusammenfällt, springt infolge des plötzlichen Krümmungswechsels der Hubkurve die Beschleunigung von ihrem größten positiven Wert auf den größten negativen Wert über. Das Geschwindigkeitsdiagramm hat in dieser Lage ein Maximum und bildet dort eine Spitze.

Bezeichnet man die Ventilmasse mit M, so ist der Massendruck des Ventils in jeder Lage gleich $M \cdot b$, wobei die Beschleunigung b aus Fig. 159b entnommen werden kann. Der größte Massendruck in 4 ist rund $175\,M$. Die Federbelastung muß so groß sein, daß sie in jeder Lage dem von O weggerichteten Massendruck das Gleichgewicht halten kann. Bei der Abwärtsbewegung des Ventils in Lage 4 muß die Federkraft mindestens $175\,M$ (kg) betragen, oder sie muß $\dfrac{175}{9,81} = 17,8$ mal so groß sein wie das Ventilgewicht, um die Zwangläufigkeit des Getriebes zu sichern.

Da in allen Lagen des Ventils die Massendrücke der Beschleunigung proportional sind, so gibt die Kurve β in Fig. 159b in einem bestimmten Maßstab direkt die Massendrücke an. Da die Arbeit der Massendrücke auf dem Weg von 1 nach 7 verschwinden muß, so müssen die beiden in Fig. 159b vertikal schraffierten Flächen einander gleich sein, man überzeugt sich von der Gleichheit der beiden Flächen mit Hilfe des Planimeters zur Kontrolle der Richtigkeit der Kurve β. Wenn das Ventil beim Hub nach Lage 4 gelangt ist und seine größte Geschwindigkeit $\left[= 0{,}8 \left(\dfrac{\mathrm{m}}{\mathrm{sec}} \right) \right]$ besitzt, hat es eine kinetische Energie gleich $\dfrac{M}{2} \cdot 0{,}8^2 = M \cdot 0{,}32$ (mkg), diese muß ebenso groß sein wie die Arbeit der Massendrücke von 7 bis 4, welche durch Planimetrieren einer der beiden schraffierten Flächen zu 10 cm² gleich $M \cdot 10 \cdot \dfrac{32}{1000}$ $= M \cdot 0{,}32$ (mkg) gefunden wird; man hat damit eine zweite Kontrolle für die Richtigkeit der Beschleunigungskonstruktion.

Aus der Bedingung, daß die kinetische Energie des Ventils gleich der Arbeit der Massendrücke von einer Endlage bis zur betreffenden Lage des Ventils sein muß, kann man eine Methode ableiten, durch welche man aus dem Geschwindigkeitsdiagramm (das genau aufgezeichnet sein muß) direkt das Diagramm der Massendruckkräfte oder auch der Beschleunigungen finden kann. In Fig. 160 ist das Geschwindigkeitsdiagramm α aus Fig. 159b entnommen. A und B seien zwei nahe beieinander gelegene Lagen des Ventils. In A sei die Ventilgeschwindigkeit $AA_1 = v_1$, in B $BB_1 = v_2$. Die Zunahme der kinetischen Energie

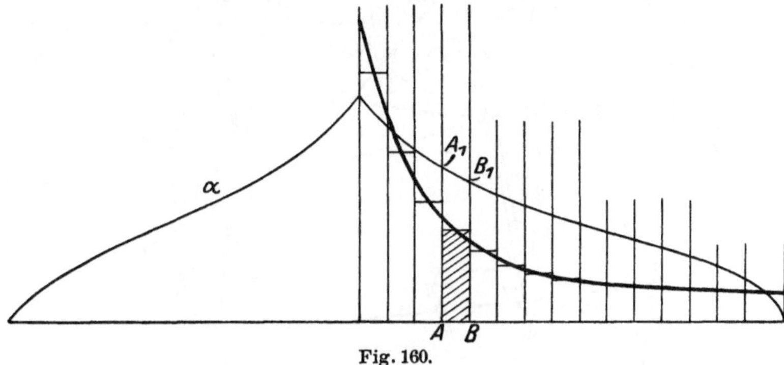

Fig. 160.

des Ventils auf dem Weg von B nach A ist gleich $\dfrac{M}{2}(v_1^2 - v_2^2)$, ebenso groß muß die Arbeit der Massendrücke sein, welche durch das über AB stehende, in Fig. 160 schraffierte Rechteck dargestellt ist. Dividiert man den Inhalt des Rechtecks durch die Basis AB, so bekommt man die mittlere Beschleunigung längs der Strecke. Man kann sich den ganzen Ventilhub in kleine Strecken einteilen und für jedes Element die mittlere Beschleunigung bestimmen, man erhält damit das ganze Beschleunigungsdiagramm in Form einer treppenförmigen Linie, durch welche man eine mittlere Kurve legen kann. Dieses Näherungsverfahren gibt mit ziemlicher Genauigkeit das Beschleunigungsdiagramm und ist weit zuverlässiger als das früher erwähnte Subnormalenverfahren, man kann die Methode, wenn die Geschwindigkeitskurve sicher konstruiert ist, unbedenklich anwenden und oft ein umständliches und zeitraubendes Verfahren zur genauen Ermittlung der Beschleunigungen umgehen oder überflüssig machen.

c) **Bestimmung der Rückwirkung der Collmann-Steuerung auf die Regulatorhülse.**

Zum Abschluß der Untersuchungen über die Massenkräfte soll noch eine Aufgabe wenigstens teilweise besprochen werden, welche an der Münchener Technischen Hochschule von Herrn Prof. W. Lynen als Preisaufgabe ausgeschrieben war; darin war u. a. verlangt, die Rückwirkung der Collmann - Steuerung auf den Regulator zu bestimmen, welche infolge der Massenwirkung der einzelnen Glieder des Getriebes

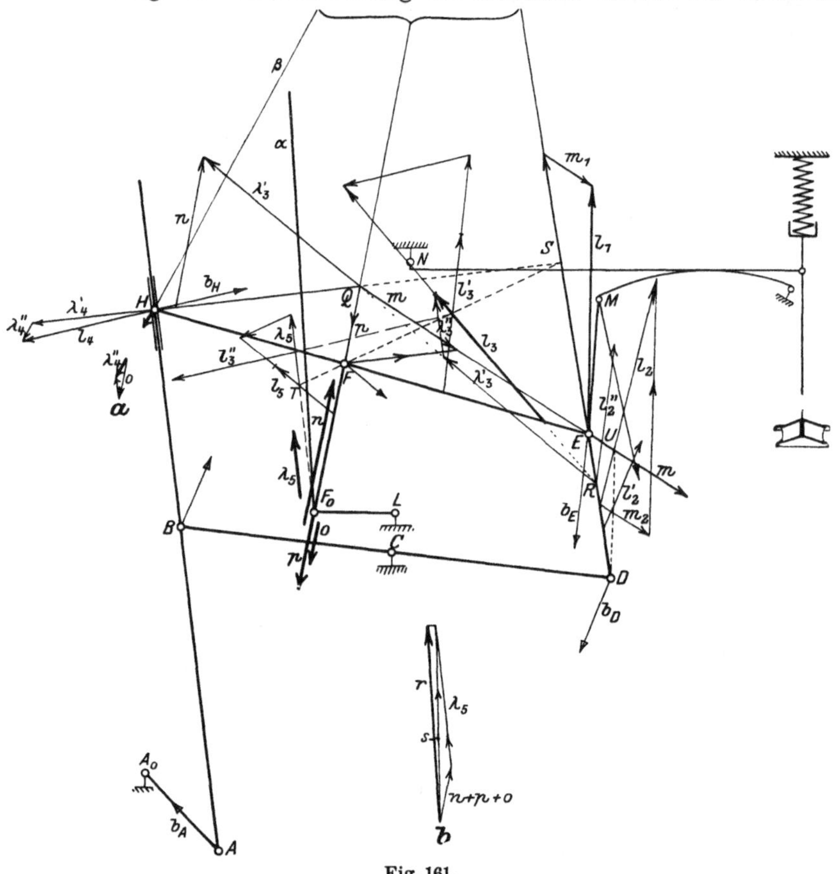

Fig. 161.

auftritt. Dieses ist in Fig. 161 schematisch dargestellt. Teilweise ist das gleiche Getriebe in Fig. 129 schon auf die Beschleunigungsverhältnisse hin untersucht worden. Das Gelenk F_0 war dort als ein mit dem ruhenden System oder dem Gestell fest verbundener Punkt angesehen. In Wirklichkeit ist F_0 vermittels der Stange F_0L an den festen Punkt L angelenkt; F_0 wird nun an der Drehung um L dadurch verhindert, daß F_0 durch die Stange α mit der Regulatorhülse verbunden ist, welche im normalen Lauf der Maschine eine Bewegung der Stange α nicht zuläßt. Jene Kraft, welche von der Stange α ausgeübt werden muß, um F_0 festzuhalten, oder auch jene Kraft, welche von dem festgehaltenen Punkt F_0 auf die Stange α ausgeübt wird, nennt man die Rückwirkung. Jener Anteil der Rückwirkung, der durch die Massenwirkung entsteht, soll im folgenden für die gezeichnete Einstellung der Steuerung bestimmt werden.

Da die Bestimmung der Massenkräfte an dem Wälzhebelgetriebe nichts Neues bietet, so soll sie übergangen werden, es wird sofort angenommen, der Massendruck l_1, welcher von dem Wälzhebelgetriebe, dem Ventil und der Stange ME auf das Gelenk E übertragen wird, sei bereits gefunden. Nur so viel sei noch bemerkt, daß die beiden Wälzhebel einen kraftschlüssigen Mechanismus vorstellen; eine nach oben gerichtete Massenkraft des Ventils und des oberen Wälzhebels wird nicht auf den unteren Wälzhebel übertragen, sondern von der Feder mit ihrem Widerlager und dem festen Punkt N aufgenommen. Jene Kraft, welche, herrührend von der Federspannung, auf das Gelenk E übertragen wird, sei in l_1 schon mit eingerechnet.

Die Vierzylinderkette A_0ABCD übt natürlich auf den Punkt F_0 keinerlei Rückwirkung aus, der Massenwirkung ihrer Glieder wird das Gleichgewicht gehalten durch die beiden Gelenkdrücke in A_0 und C und eine äußere Kraft bei A oder ein von der Steuerwelle bei A_0 ausgeübtes Moment.

Jene Glieder, welche in F_0 eine Rückwirkung verursachen, sind ED, EFH, FF_0 und die Hülse H. Zur Vereinfachung der Aufgabe wird wieder angenommen, daß die einzelnen Glieder prismatische Stäbe seien, so daß die mit l_2, l_3 und l_5 bezeichneten resultierenden Massenkräfte in der beschriebenen einfachen Weise aufgefunden werden können aus dem bekannten Beschleunigungszustand des Getriebes (die Beschleunigungen sind aus Fig. 129 abgegriffen). l_2 ist die Resultierende aus l_2' und l_2'', l_3 jene aus l_3' und l_3''. Da die Hülse H nur eine geringe Länge besitzt, so kann man unbedenklich für die ganze Hülse ihre Beschleunigung b_H als konstant ansehen, so daß der Massendruck l_4 der Hülse in die Richtung von b_H fällt.

Um die Rückwirkung auf die Stange α oder die Regulatorhülse bestimmen zu können, sucht man sich zuerst den in F_0 auftretenden Gelenkdruck dadurch, daß man dessen Komponenten ermittelt, welche durch die einzelnen Kräfte l_1 bis l_5 hervorgerufen werden. Man denke sich zuerst lediglich die Kraft l_3 an dem Getriebe angreifend. Da bei der ganzen Untersuchung die Kräfte, welche auf die Vierzylinderkette A_0ABCD übertragen werden, nicht interessieren, so kann man annehmen, ihre Glieder seien unbeweglich mit dem ruhenden System oder dem Gestell verbunden. Die Kraft l_3 zerlegt sich in drei Komponenten, welche in H, F und E angreifen, und deren Richtungslinien sämtlich bekannt sind, die Kraft in H steht senkrecht auf AB, die beiden Kräfte in F und E wirken längs der Geraden FF_0 resp. ED. Die geometrische Differenz λ_3' aus l_3 und der mit λ_3'' bezeichneten Kraft längs ED muß in dieselbe Richtung fallen und dieselbe Größe haben wie die geometrische Summe der beiden Kräfte in H und F. Die Richtungslinie dieser Resultierenden muß daher die Gerade QR sein, Q ist der Schnittpunkt der Geraden FF_0 mit der zu AB in H errichteten Senkrechten. R ist der Schnitt der Richtung des Vektors l_3 mit ED. Durch Zerlegung von l_3 in die beiden Komponenten mit den Richtungen QR und ED findet man λ_3'. λ_3' ist wieder zu zerlegen in ihre Komponenten in Richtung QH und FF_0. Die letztere Komponente ist mit n bezeichnet, sie wird vermittels des Gliedes FF_0 auf F_0 übertragen.

Die Massenkraft l_4 der Hülse ist zu zerlegen in λ_4' und λ_4''. λ_4'' ist jene Kraft, welche im Punkte H auf die Stange EF übertragen wird, ihre Richtungslinie β muß durch den Schnittpunkt von FF_0 mit ED gehen. Die Richtung von λ_4' steht senkrecht auf AB. λ_4' beansprucht die Stange AB auf Biegung und hat keinen Einfluß auf den Gelenkdruck in F_0. Durch Zerlegung von λ_4'' nach den beiden durch FF_0 und ED gegebenen Richtungen (Fig. 161a) findet man die von l_4 herrührende Komponente o des Gelenkdruckes in F_0.

Um den Einfluß des Massendruckes l_5 zu bestimmen, denkt man sich l_5 allein an dem Getriebe angreifend. l_5 löst zwei Kräfte in F und F_0 aus, deren Richtungslinien vorläufig beide unbekannt sind. Die Kraft in F, angreifend an der Stange FE, hat zwei Kräfte in H und E zur Folge mit bekannten Richtungen (die Senkrechte in H zu AB und die Gerade ED). Die Wirkungslinien aller drei Kräfte müssen sich in dem Punkt S, dem Schnitt der Geraden QH und ED treffen. Die Verbindungslinie FS schneidet den Vektor l_5 in T. Zerlegt man l_5 in die beiden Komponenten in Richtung TF_0 und ST, so bekommt man in λ_5 den von l_5 herrührenden Anteil des Gelenkdruckes in F_0.

Die Kräfte l_1 und l_2 kann man gemeinsam behandeln, beide zusammen haben eine mit m bezeichnete Kraft in E zur Folge, welche durch den Punkt Q gehen muß. m ist die algebraische Summe aus m_1 und m_2. Man findet m_1 als Komponente von l_1, welche Kraft nach den beiden Richtungen ED und QE zu zerlegen ist; in gleicher Weise zerfällt l_2 in m_2 und eine Kraft in Richtung UD (U ist der Schnittpunkt von QE mit dem Vektor l_2). Die Zerlegung von m (nach QH und QF) liefert in der Kraft p den letzten Anteil des Gelenkdruckes s in F_0, diesen selbst findet man als die geometrische Summe aus n, o, p und λ_5 (Fig. 161b, hier sind die Vektoren doppelt so groß als in der Hauptfigur). Um aus der Kraft s die Rückwirkung r auf den Regulator zu bestimmen, sind die Komponenten von s in Richtung α und F_0L zu bestimmen.

Man kann die Rückwirkung auch in der Weise ermitteln, daß man die einzelnen resultierenden Massenkräfte nicht, wie es oben geschehen ist, in ihre Komponenten zerlegt, sondern daß man jene Kräfte sucht, welche den Massendrücken das Gleichgewicht halten; man findet auf diese Art den Vektor r mit dem entgegengesetzten Pfeil. Da derartige Kräftezerlegungen, wie sie hier vorzunehmen sind, in der Statik häufig vorkommen und dort eingehend behandelt werden, so dürften die obigen kurzen Erklärungen zum Verständnis der Aufgabe genügen. Da, wie bereits angedeutet, D als fester Punkt und AB als feste Gerade bei der Bestimmung der Regulatorrückwirkung angesehen werden können, so kann das Getriebe D, E, F, F_0, H direkt als ein Fachwerk aufgefaßt werden, an welchem die äußeren Kräfte l_1 bis l_5 angreifen; die Ermittlung der Regulatorrückwirkung ist dann nichts weiter als die Bestimmung der Stabspannung α. Bei der Untersuchung einer ausgeführten Steuerung muß man natürlich die Kraft r für verschiedene Lagen des Getriebes aufsuchen, um die größte Rückwirkung auf den Regulator angeben zu können, welche für dessen Dimensionierung erforderlich ist.

———